Manchmal steht das überraschende Ergebnis von Anfang an fest, manchmal wird die Zauberin zur Gedankenleserin, manchmal der Zauberer zum Schnellrechner: Mit 26 brandneuen Kunststücken geht es in diesem farbig illustrierten Band um Karten und um Zahlen, um richtiges und trickreiches Mischen, um magische Dreiecke und Vierecke, um Lüge und Wahrheit, um Ordnung und Chaos und um vieles mehr. Wer beim nächsten Treffen mit Freunden oder Familie ein funktionierendes Kunststück vorführen möchte, wird hier garantiert fündig.

Ehrhard Behrends erklärt nicht nur, wie die leicht erlernbaren Zaubereien klug vorbereitet und effektvoll vorgeführt werden, sondern auch die Mathematik, die sie möglich macht. Man kann alles vorführen, ohne sich um diesen Hintergrund zu kümmern. Wer es aber wissen will – und das macht für die mathematisch Interessierten den Reiz aus –, wird ohne Spezialvorkenntnisse einiges lernen können: zum Beispiel über Wahrscheinlichkeiten, Geometrie, Logik oder Primzahlen.

> «Mathematik, das ist für Behrends keine Welt der staubtrockenen Zahlen und Formeln. Für ihn ist es eine Wissenschaft für die Sinne.» *Die Welt*

Ehrhard Behrends ist Professor für Mathematik und Informatik an der FU Berlin im Ruhestand. Unter anderem ist er Mitgründer der populären Website www.mathematik.de, analog dazu auf europäischer Ebene der Website www.mathematics-in-europe.eu (jetzt www.popmath.eu) und Verfasser der Kolumne «Fünf Minuten Mathematik» in der «Welt», die inzwischen als international erfolgreiches Buch erhältlich ist. Schon 2015 wurde er als Mitglied in den Magischen Zirkel von Deutschland (MZvD) aufgenommen.

Ehrhard Behrends

Der große mathematische Zauberstab

Brandneue Kunststücke mit Karten und Zahlen

Rowohlt Taschenbuch Verlag

Originalausgabe
Veröffentlicht im Rowohlt Taschenbuch Verlag,
Hamburg, Mai 2024
Copyright © 2024 by Rowohlt Verlag GmbH, Hamburg
Die Nutzung unserer Werke für Text- und Data-Mining im Sinne
von § 44b UrhG behalten wir uns explizit vor.
Bildnachweis S. 44 *Albrecht Dürer, Melencolia I* (1514),
The Metropolitan Museum of Art, New York
Covergestaltung zero-media.net, München
Coverabbildung FinePic®, München
Satz Utopia Std bei Dörlemann Satz, Lemförde
Druck und Bindung CPI books GmbH, Leck
ISBN 978-3-499-01425-3

Du musst verstehn!
Aus Eins mach Zehn
Und Zwei lass gehn
Und Drei mach gleich,
So bist Du reich.
Verlier die Vier!
Aus Fünf und Sechs,
So sagt die Hex',
Mach Sieben und Acht,
So ist's vollbracht:
Und Neun ist Eins,
Und Zehn ist keins.
Das ist das Hexen-Einmaleins!

Aus Goethes «Faust», die «Hexenküche»,
Zeile 2540 bis 2552.

Inhaltsverzeichnis

Vorwort   8
Einleitung   10
Lies mich!   18

1 Zahlenquadrate   29
    1.1 Das Ergebnis steht von Anfang an fest   30
    1.2 Weitere Varianten   36
    1.3 Der Zauberer produziert ein magisches Quadrat   43

2 Geometrie   51
    2.1 Das unmögliche Dreieck   52
    2.2 Die Gozinta-Boxen   62

3 Zauberhafte Rechnungen   69
    3.1 Der Zauberer als Schnellrechner   70
    3.2 Das Ergebnis wird vorausgesagt   78

4 Zaubern mit Primzahlen   87
    4.1 Die gewählte Karte kommt zuletzt   89
    4.2 Neues vom magischen Zahlendreieck   95

5 Haben Lügen wirklich kurze Beine?   105
    5.1 Karten als Lügendetektor   107
    5.2 Lügen, aber bitte konsequent   114
    5.3 Woran hast du gedacht?   125
    5.4 Lügen nach Wahl   134

6 Wie wird in Australien gemischt? 143
   6.1 Das große Kartenreißen 144
   6.2 Australisch für Fortgeschrittene 151

7 Ist die Reihenfolge egal? 159
   7.1 Frau Colombinis Kunststück 162
   7.2 Von der Ordnung zum Chaos und wieder zurück 175
   7.3 Das Labyrinth 189

8 Wie viele Fragen braucht man? 197
   8.1 In welcher Zeile ist die Karte? 198
   8.2 Zum Zentrum strebt doch alles … 202
   8.3 Mutus nomen dedit cocis 209

9 … und noch mehr Kartenkunststücke 227
   9.1 Gerade oder ungerade? 228
   9.2 Kreisverkehr 240
   9.3 Welche Karte überlebt? 252

10 Zaubern mit dem Zufall 263
   10.1 Sind es mehr gleiche oder mehr ungleiche Pärchen? 264
   10.2 Eine Bierwette 272

11 Logisches Denken hilft 277
   11.1 Unter welcher Tasse liegt der Ball? 278

12 Anhang 287
   12.1 Kreisrechnen 288
   12.2 Quellen 291
   12.3 Literatur 298
   12.4 Dank! 302

Vorwort

Wirkliche Zauberei, man weiß es, gibt es nicht. Durch den Einsatz verschiedener Mittel lässt sich aber durchaus der Eindruck erwecken, dass es so etwas wie Magie dennoch gibt. Oft spielen Fingerfertigkeit und Ablenkung eine wichtige Rolle, man kann auch Physik, Chemie, Elektronik oder aber – wie in diesem Buch gezeigt werden soll – *Mathematik* wirkungsvoll einsetzen.

Kunststücke, die auf Mathematik beruhen, haben zwei entscheidende Vorteile. Erstens funktionieren sie hundertprozentig zuverlässig, denn die Hauptarbeit wird von mathematischen Ergebnissen gemacht, die im Hintergrund unauffällig für das Funktionieren sorgen. Und zweitens muss man nicht viel Zeit investieren, um komplizierte Griffe zu lernen. Die sollte man eher darauf verwenden, alles perfekt vorzubereiten und sich eine attraktive Vorstellung zu überlegen.

Dieses Buch präsentiert 26 Zauberkunststücke, die in dieser Form noch nie vorher in einem Zauberbuch erschienen sind. Wer beim nächsten Familienfest, Jubiläum oder Treffen mit Freunden etwas garantiert Funktionierendes vorführen möchte, wird hier bestimmt fündig werden. Die Mathematik, die zum Einsatz kommt, ist sehr vielfältig. Das Buch hat elf Kapitel, in denen jeweils unterschiedliche Aspekte eine Rolle spielen, zum Beispiel Geometrie, Primzahlen oder Logik.

Es war mir beim Schreiben wichtig, dass man alles vorführen kann, ohne sich vorher mit dem mathematischen Hintergrund auseinanderzusetzen. Man muss ja auch nicht Elektronik studiert haben, um einen Fernsehfilm zu sehen.

Doch könnte es ja sein, dass einige Leserinnen und Leser wissen möchten, *warum* es denn nun klappt. Für die gibt es ausführliche

Erläuterungen, die mit Schulkenntnissen aus der Mathematik verständlich sein dürften. Anders formuliert: Man kann die Zauberkunststücke auch als Einladung auffassen, einige interessante Aspekte des Faches Mathematik etwas näher kennenzulernen.

Ehrhard Behrends, Berlin;
im Frühjahr 2024

PS: Im gleichen Verlag erschien 2015 vom Autor «Der mathematische Zauberstab». Inhaltliche Überschneidungen mit dem vorliegenden Buch gibt es nicht.

Einleitung

Zaubern hat mich schon lange fasziniert. Zunächst als Familienvater, der bei Kindergeburtstagen etwas Besonderes vorführen wollte. Viel später interessierten mich – ausgelöst durch ein Buch von Martin Gardner – Kunststücke, die «irgendwie» mit Mathematik zu tun haben. Intensiv wurde meine Beschäftigung 2013, als ich einem Ortszirkel des Magischen Zirkels von Deutschland beitrat, und seit Januar 2015 darf ich mich (nach einem zweistündigen Examen) «geprüfter Zauberer» nennen.

Seit 2013 habe ich viele Artikel zum Thema «Zaubern und Mathematik» geschrieben: für Zauberer in der Verbandszeitschrift, für Mathematiker in wissenschaftlichen Zeitschriften, und es sind bisher auch zwei Bücher von mir zum Thema erschienen, ein populäres und eins für Leserinnen und Leser mit einem mathematischen Hintergrund (siehe das Literaturverzeichnis).

Doch nun zu dem vorliegenden Buch. Es enthält 26 ausführlich beschriebene Zauberkunststücke. Der mathematische Hintergrund ist sehr unterschiedlich, er reicht von Zahlen über Logik und Geometrie bis zur Wahrscheinlichkeitsrechnung. Der Aufbau folgt in jedem Fall diesen Fragestellungen:

- Was passiert eigentlich aus Sicht der Zuschauer, wo ist der magische Moment?
- Wie kann man das, was man sieht, mathematisch erklären? Das sollte von allen verstanden werden können, die sich noch an die Mathematik ihrer Schulzeit erinnern.
- Was sollte man vorbereiten, wenn man es selbst vorführen möchte?
- Was ist bei der Präsentation zu beachten?
- Welche Möglichkeiten gibt es für Varianten?

Es ist ja bekannt, dass manche mit gemischten Gefühlen an die Mathematik ihrer Schulzeit zurückdenken. Deswegen ist das Buch so aufgebaut, dass es als reines Zauberbuch verwendet werden kann: Was muss man tun, um einen bestimmten magischen Effekt zu erzielen? Den mathematischen Hintergrund kann man ja (für immer oder zunächst einmal) einfach ignorieren.

Ausführliches Üben von komplizierten Griffen wird nicht erforderlich sein, trotzdem sollte man sich natürlich gut vorbereiten, damit der magische Anteil problemlos an die Mathematik delegiert werden kann.

Der Rahmen, in dem Sie auftreten können, ist sehr variabel: Als Unterhalter beim Warten aufs Essen mit Freunden im Restaurant, bei Familienfesten, Freundestreffen und Jubiläen, und einige der Kunststücke eignen sich auch für eine große Bühne (siehe die Vorschläge am Ende dieser Einleitung).

Es sollte noch erwähnt werden, dass für jedes Kunststück auch noch nie in einem Buch veröffentlichte Ideen entwickelt wurden. Einiges ist in meinen Artikeln in Zauberzeitschriften zu finden, und vieles habe ich mit meinen Zauberfreunden besprochen.

Nun zum Inhalt.

Kapitel 1: Zahlenquadrate
1.1 Das Ergebnis steht von Anfang an fest
Dies ist eines meiner Lieblingskunststücke, ich führe es gern bei Geburtstagen und Jubiläen vor. Jemand wählt völlig frei Zahlen in einem Zahlenquadrat, doch ihre Summe steht von Anfang an fest.
1.2 Weitere Varianten
... und hier folgen etwas aufwendigere Varianten, die ich im letzten Jahr entwickelt habe.

1.3 Der Zauberer produziert ein magisches Quadrat
Ein magisches Quadrat ist ein Zahlenquadrat, bei dem die verschiedensten Summationsaufgaben zum gleichen Ergebnis führen: Summe der Zahlen über eine Spalte, über eine Zeile, über die Diagonalen usw. So ein Quadrat kann der Zauberer auf der Bühne unter Verwendung persönlicher Zahlen eines Zuschauers (zum Beispiel dessen Geburtstag) ohne große Mühe aufschreiben.

Kapitel 2: Geometrie
Auch geometrische Sachverhalte lassen sich für die Zauberei einsetzen:
2.1 Das unmögliche Dreieck
Es wird ein aus einigen Teilen bestehendes Dreieck gezeigt. Das wird umsortiert, und plötzlich fehlt da etwas. Wie kann das sein?
2.2 Die Gozinta-Boxen
Das ist doch nicht möglich: Es werden ein rotes und ein schwarzes Kästchen gezeigt. Das rote passt ins schwarze, aber umgekehrt geht das auch!

Kapitel 3: Zauberhafte Rechnungen
Mit Hilfe der Mathematik lässt sich der Eindruck erwecken, dass man über unglaubliche Rechenfähigkeiten verfügt:
3.1 Der Zauberer als Schnellrechner
Die Zuschauer stellen eine komplizierte Rechenaufgabe. Kaum gestellt, wird vom Zauberer schon die richtige Lösung präsentiert.
3.2 Das Ergebnis wird vorausgesagt
Die Zuschauer haben die freie Wahl, durch eine spezielle Anordnung der beteiligten Zahlen eine eigene Aufgabe zu erzeugen. Die Zauberin kennt schon vorher das Ergebnis.

Kapitel 4: Zaubern mit Primzahlen
Eine Primzahl ist eine Zahl, die nur die Zahl 1 und sich selbst als Teiler hat. Primzahlen haben viele bemerkenswerte Eigenschaften, einige kann man für die Zauberei ausnutzen.

4.1 Die gewählte kommt zuletzt
Es geht um ein scheinbar lukratives Gewinnspiel mit einem Zuschauer, das er voraussehbar verlieren wird.

4.2 Neues vom magischen Zahlendreieck
Dieses Kunststück hätte auch in Kapitel 1 gepasst: Aufgrund von Primzahleigenschaften kann ein Ergebnis sofort angegeben werden, das eigentlich nach allgemeiner Erwartung nur recht aufwendig zu erhalten gewesen wäre.

Kapitel 5: Haben Lügen wirklich kurze Beine?
Zum Thema «Lügner» sind hier mehrere Kunststücke aufgenommen worden. Wie kann man zu sicheren Ergebnissen kommen, auch wenn möglicherweise gelogen wurde?

5.1 Karten als Lügendetektor
Eine Zuschauerin hat – unsichtbar für den Zauberer – eine offensichtlich zufällig gewählte Karte in der Hand. Sie sagt: «Diese Karte ist rot.» Der Zauberer weiß ganz sicher, ob das gelogen ist.

5.2 Lügen, aber bitte konsequent
In welcher Hand ist die Münze? Trotz der Möglichkeit zu lügen, kann das sicher ermittelt werden.

5.3 Woran hast du gedacht?
Ein Zuschauer bekommt mehrere Gegenstände zur Auswahl gezeigt. Heimlich wählt er einen. Immer wieder werden einige der Gegenstände gezeigt, und der Zuschauer sagt, ob seiner dabei ist: Dabei darf er lügen. Am Ende weiß der Zauberer, wie gewählt wurde.

5.4 Lügen nach Wahl
Das ist eine Erweiterung des Kunststücks aus Abschnitt 5.3: Bei den Antworten muss nicht konsequent gelogen oder die Wahrheit gesagt werden. Trotzdem wird am Ende der richtige Gegenstand benannt.

Kapitel 6: Wie wird in Australien gemischt?
6.1 Das große Kartenreißen
Dieses Kunststück sorgt immer für gute Stimmung, alle Zuschauer können beteiligt werden. Karten werden in zwei Teile zerrissen, es gibt ziemlich chaotisch scheinende Handlungen, und am Ende finden sich zwei Teile, die zusammenpassen.
6.2 Australisch für Fortgeschrittene
Nach offensichtlich freier Wahl bei der Reihenfolge, in der Karten gelegt werden, erscheint bei einer speziellen Art des Ausgebens am Ende die von der Zauberin vorausgesagte.

Kapitel 7: Ist die Reihenfolge egal?
In aller Regel ist es bei Mischvorgängen nicht egal, in welcher Reihenfolge sie ausgeführt werden. Es gibt aber einige schwer durchschaubare Ausnahmen, und das wird in diesem Kapitel ausgenutzt.
7.1 Frau Colombinis Kunststück
Die Zauberin Colombini sagt voraus, in welcher Reihenfolge ein vom Zuschauer gemischtes Kartenspiel liegt. Die Vertauschbarkeit der Aktionen spielt eine wesentliche Rolle.
7.2 Von der Ordnung zum Chaos und wieder zurück
Ein sehr gut sortiertes Kartenspiel wird einigen Mischvorgängen unterworfen. Die sind – in einem präzisierbaren Sinn – «fast» vertauschbar. Zwischendurch sieht es sehr chaotisch aus, am Ende ist die Ordnung überraschenderweise wiederhergestellt.

7.3 Das Labyrinth
Zuschauer entwerfen nach eigener Wahl sehr verschlungene Wege. Der Zauberer hat die Kontrolle darüber, wo die Endposition sein wird.

Kapitel 8: Wie viele Fragen braucht man?
8.1 In welcher Zeile ist die Karte?
Ein Zuschauer denkt sich einen Gegenstand. In diesem Abschnitt wird beschrieben, was überhaupt theoretisch möglich ist. Zum Beispiel braucht es immer mindestens vier Fragen, die mit «ja» oder «nein» beantwortet werden können, um eine spezielle Karte aus 16 Karten zu identifizieren.
8.2 Zum Zentrum strebt doch alles ...
Hier wird eine originelle Verkleidung des Standard-Frageverfahrens beschrieben.
8.3 Mutus nomen dedit cocis
Ein Kartenpärchen verschwindet in einem Kartenstapel, der dann durcheinandergebracht wird. Durch minimale Informationen kann der Zauberer herausbekommen, welches es war.

Kapitel 9: ... und noch mehr Kartenkunststücke
9.1. Gerade oder ungerade?
Der Zauberer und eine Zuschauerin haben jeweils 5 Karten aus einem gut gemischten Spiel. Nach und nach decken sie gleichzeitig jeweils eine Karte auf. Wird dann die Anzahl der gleichfarbigen Pärchen eher gerade oder ungerade sein?
9.2 Kreisverkehr
Karten werden gemischt und bildunten als Kreis ausgelegt. Nach und nach werden alle bis auf eine aufgedeckt. Die Zauberin weiß schon vorher, welche das sein wird.

9.3 Welche Karte überlebt?
Wieder richtet ein Zuschauer in einem Kartenstapel ein großes Durcheinander an, nachdem er sich eine der Karten gemerkt hat. Dann werden sie ausgegeben, dabei werden nach und nach alle bis auf eine aussortiert. Das ist die Zuschauerkarte.

Kapitel 10: Zaubern mit dem Zufall
10.1 Sind es mehr gleiche oder mehr ungleiche Pärchen?
Die Anzahl der roten und schwarzen Karten in einem Kartenpäckchen soll gleich sein. Es wird gemischt, und jeder von zwei Spielern bekommt die Hälfte. Es wird gleichzeitig jeweils eine Karte aufgedeckt. Wird es bei diesen Pärchen öfter zwei gleichfarbige oder zwei verschiedenfarbige Karten geben?
10.2 Eine Bierwette
Alle glauben, dass man durch Mischen von Karten ein totales Durcheinander herstellen kann. Man kann sich aber darauf verlassen, dass manche Eigenschaften des gemischten Stapels mit weit mehr als 50 Prozent Wahrscheinlichkeit zu erwarten sind.

Kapitel 11: Logisches Denken hilft
11.1 Unter welcher Tasse liegt der Ball?
Ein Zuschauer versteckt einen kleinen Ball unter einer von drei umgedrehten Tassen. Dann bringt er die Reihenfolge durcheinander. Trotzdem kann der Zauberer mit Sicherheit sagen, wo sich der Ball befindet.

Es ist sicher noch interessant zu wissen, dass kompliziertes oder teures *Zauberzubehör* nicht benötigt wird. Im Widerspruch zum Titel ist ein Zauberstab nicht erforderlich, und ein Zylinder ist auch entbehrlich. Alles, was man braucht, sind Kartenspiele, und hin und wieder sind einige Grafiken (die man meist aus dem Buch übernehmen kann) auszudrucken. Ausnahme ist das Kunststück in Abschnitt 5.2, bei dem man etwas dazukaufen sollte: Statt die Kästchen selber zu bauen, empfiehlt es sich, sie für etwa 5 Euro im Internet zu bestellen.

Und *wie schwierig* ist das alles? Erwartungsgemäß wird das von verschiedenen Leserinnen und Lesern unterschiedlich eingeschätzt werden. Die meisten Zauberanweisungen können sicher nach einer kurzen Kennenlernphase gut bewältigt werden. Für das souveräne Beherrschen der Kunststücke in den Abschnitten 1.3, 3.1, 5.3, 5.4, 7.1, 7.2, 8.3, 9.2 sollte man allerdings etwas mehr Zeit einplanen.

Am Ende des Buches findet man noch in einem *Anhang* eine Reihe von Ergänzungen: einen Abschnitt, in dem das mehrfach wichtige *Kreisrechnen* erläutert wird; eine Übersicht über die verwendeten *Quellen* zu diesem Buch; Bemerkungen zur *Literatur* und schließlich einige *Danksagungen*.

Zum Abschluss dieser Einleitung hier noch *Vorschläge*, wo man die beschriebenen Zauberkunststücke vorführen könnte.
Die ganz kleine Runde (Restauranttisch beim Warten aufs Essen; wenige Gäste, denen man als kleine Abwechslung ein Kunststück vorführen möchte):
1.2, 4.1, 5.2, 6.2, 7.2, 8.2, 10.1, 10.2.
Das Familienfest oder Freundestreffen, bei dem Sie einige Kunststücke zeigen wollen:
1.1, 1.2, 2.1, 2.2, 3.1, 3.2, 4.1, 4.2, 5.1, 5.2, 5.3, 5.4, 6.1, 6.2, 7.1, 7.2, 7.3, 8.2, 8.3, 9.2, 9.3, 10.1, 11.1.
Kunststücke vor einem größeren Publikum, wo vielleicht sogar eine kleine Bühne vorhanden ist:
1.1, 2.1, 2.2, 3.1, 3.2, 4.2, 5.1, 5.3, 5.4, 6.1, 7.1, 7.2, 8.2, 8.3, 9.2, 9.3, 11.1.

Zugegeben, die Grenzen sind fließend. In jedem Fall: Viel Spaß!

Lies mich!

In diesem vorbereitenden Abschnitt sind einige Informationen zusammengefasst, die nützlich sein können, wenn man die Kunststücke vorführen möchte. Genauer gesagt geht es um die folgenden Themen:
- Allgemeine Bemerkungen zur Zauberei
- Spielkarten
- Wie bringt man Karten durcheinander?

Das kann man als Erstes lesen, man kann es aber auch vertagen, bis die erste Vorführung geplant ist oder die hier erläuterten Begriffe in einem der späteren Kapitel eine Rolle spielen.

Allgemeine Bemerkungen zur Zauberei
Ein Überblick über die jahrtausendealte Geschichte der Zauberei oder eine Vorstellung der wichtigsten Teilgebiete und Techniken sind hier nicht beabsichtigt. Es sind im Wesentlichen die folgenden Punkte, die man beim Zaubern beachten sollte.

Üben, üben, üben
Für die Kunststücke in diesem Buch brauchen Sie zwar keine Fingerfertigkeit, aber es ist trotzdem dringend zu empfehlen, alles so lange geübt zu haben, bis es sicher vorgeführt werden kann. Das liegt auch im Eigeninteresse der Vorführenden, denn es ist kein wirklich schönes Gefühl, wenn man zwischendurch nicht mehr sicher ist, was man eigentlich als Nächstes tun wollte.

Das Drumherum
Der Kreativität sind beim Zaubern keine Grenzen gesetzt. Ihre Vorführung wird viel besser ankommen, wenn sie von einer kleinen einleitenden Geschichte begleitet wird. Einige wenige Anregungen für die Vorführung habe ich bei den Kunststücken aufgenommen.

Den magischen Höhepunkt kann man zum Beispiel als Gedankenlesen oder eine magische Beeinflussung des Zufalls präsentieren. Es ist wie bei Geschenken: Die Verpackung ist fast genauso wichtig wie das Geschenk selbst.

Nichts verraten!
Die Versuchung ist besonders nach Vorführungen vor Freunden groß, zu verraten, wie das gezeigte Kunststück funktioniert hat. Ich empfehle, das nicht zu tun. Der Gesamteindruck würde eher abgeschwächt werden, und in der Erinnerung des Publikums würde die Magie stark verblassen.

Auch sollte man in der Regel vermeiden, ein Kunststück mehr als einmal hintereinander vorzuführen. Beim zweiten Mal wüssten alle, auf welche Pointe es hinausläuft, und in manchen Fällen könnte das Geheimnis aufgedeckt werden.

Das bedeutet aber nicht, dass Zaubergeheimnisse prinzipiell nicht verraten werden dürfen. Sonst gäbe es ja keine Zauberbücher wie dieses, und angehende Zauberer und Zauberinnen müssen natürlich die Möglichkeit haben, sich in das Fach einzuarbeiten. Aber das sollte, wie gesagt, nicht direkt nach einer Zauberpräsentation geschehen.

Spielkarten
Wir werden für unsere Kunststücke recht oft Spielkarten verwenden. Jedes Blatt ist geeignet, wir verwenden hier französische Spielkarten:

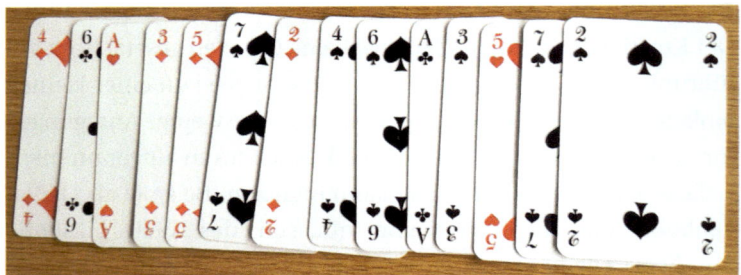

Karten aus einem französischen Blatt.

In vielen Fällen wird ein Skatspiel mit 32 Karten geeignet sein, hin und wieder braucht man auch die kleinen Kartenwerte 2, 3, 4, 5, 6, dann ist ein Bridgespiel erforderlich.

Zur Erläuterung werden wir sehr häufig die Karten von der Bildseite her zeigen, auch wenn für die Zuschauer nur die Rückseiten zu sehen sind. Im vorstehenden Bild etwa könnte es um einen Kartenstapel gehen, bei dem die *oberste* Karte die Karo 4 ist.

Spielkarten haben viele Eigenschaften, die für das Zaubern besonders nützlich sind. Zum Beispiel kann man immer einige bei sich haben, um auch ohne große Vorbereitung etwas vorführen zu können. Sie nehmen nicht viel Platz weg und sind preiswert zu beschaffen. Das Wichtigste aber ist ihre Vielseitigkeit. Manchmal kommt es nur darauf an, dass sie sich in zwei Klassen einteilen lassen, etwa «rot» und «schwarz». Aber auch in «Bildkarte» und «Zahlenkarte» oder bei einem Bridgespiel in «höchsten sieben» und «größer als sieben». Und sie repräsentieren Zahlenwerte, die vier Kartenfarben Kreuz, Pik, Herz, Karo usw. Schließlich: Man kann sie wirkungsvoll und einfach durch Mischen durcheinanderbringen.

Eigentlich gibt es kein einziges Kunststück, bei dem alle diese Eigenschaften gleichzeitig eine Rolle spielen. Deswegen könnte man zur Abwechslung in vielen Fällen auch Visitenkarten oder Fotos verwenden.

Es ist noch zu erwähnen, dass es auch besonders große Spielkarten gibt, die man in Geschäften für Zauberzubehör, im Internet und in Spielzeuggeschäften zu vernünftigen Preisen kaufen kann. Diese Investition lohnt sich, besonders, wenn man öfter als Zauberer auftreten möchte.

Wie bringt man Karten durcheinander?

Bei so gut wie allen Kartenkunststücken wird irgendwann gemischt. Dabei sind *zwei Aspekte* zu unterscheiden:

- Ein Kartenstapel soll wirklich durcheinander gebracht werden: Nach dem Mischen sind einige Informationen, die man vorher hatte, verloren gegangen.
- Der Zauberer weiß etwas über die Reihenfolge der Karten. Nun soll gemischt werden: und zwar so, dass die wichtigsten Informationen erhalten bleiben; aber das Publikum soll den Eindruck haben, dass die Reihenfolge nun niemandem mehr bekannt ist.

Bemerkenswerterweise ist es gar nicht so einfach, für wirkliche Unordnung eines Kartenstapels zu sorgen. Mathematiker würden ein Mischverfahren als perfekt bezeichnen, wenn garantiert werden kann, dass danach alle möglichen Reihenfolgen der Karten mit gleicher Wahrscheinlichkeit auftreten können. Das sind bei einem Skatspiel mit 32 Karten schon

$$32! = 263130836933693530167218012160000000$$

unterschiedliche Fälle. Ein gefeiertes Ergebnis des amerikanischen Zauberers und Mathematikers Persi Diaconis besagt, dass man das mit siebenmaligem Riffelmischen erreichen kann. So viel Aufwand wird man aber bei den Aufführungen sicher nicht betreiben wollen.

Wir werden uns hier auf einige wenige Misch-Möglichkeiten beschränken.

Ehrliches Mischen 1: Überhandmischen
Diese Form des Mischens ist am weitesten verbreitet: Die Karten kommen (zum Beispiel) in die linke Hand; einige werden als Ganzes mit dem rechten Daumen in rechte Hand gezogen, und das noch einige Male (bis alle Karten rechts sind); Kartenstapel als Ganzes nach links; und das immer wieder, bis man das Gefühl hat, dass nun genug Unordnung angerichtet ist.

Ehrliches Mischen 2: Abheben
Bei einigen Vorführungen habe ich die Erfahrung gemacht, dass es Zuschauer gibt, die sich unter dem Wort «Abheben» nichts vorstellen können. Deswegen hier eine Erinnerung:
- Man hat einen Kartenstapel. Er kann auf dem Tisch liegen oder in der Hand gehalten werden, üblicherweise zeigen die Bildseiten nach unten.
- Dann wird ein Teil des Stapels hochgehoben («abgehoben»). Liegt der Rest in der Hand, wird der abgehobene Stapel

Einige Karten abnehmen und danebenlegen; restliche Karten drauflegen.

darauntergelegt. Lag der Stapel allerdings auf dem Tisch, werden die abgehobenen Karten danebengelegt und die restlichen werden daraufgepackt.

Wie viele Karten abgehoben werden, ist dem Zufall überlassen. In vielen Fällen ist es sinnvoll, in etwa die Hälfte des Stapels abzuheben.

Bemerkenswerterweise bleiben beim Abheben überraschend viele Informationen über den Kartenstapel erhalten. Es ist ein Glück für die Zauberei, dass die meisten Zuschauer das nicht wissen.

Ehrliches Mischen 3: Riffelmischen und Fächermischen
Riffelmischen (englisch «Riffle shuffle») ist das, was man sich als Laie als die Profi-Methode zum Mischen eines Kartenspiels vorstellt; man sieht sie oft in Filmen. Sie geht so:
- Teile den Stapel ungefähr in der Mitte.
- Lege die Teilstapel so, wie im nachstehenden Bild gezeigt, aneinander; die Daumen heben sie leicht an.
- Lasse die Karten «ineinanderschnurren».

 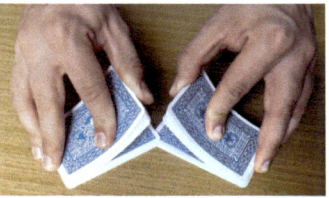

Riffelmischen.

- Schiebe sie dann zu einem Kartenstapel zusammen.

Mehrfache Anwendung des Riffelmischens bringt ein Kartenspiel wirklich perfekt durcheinander. Wenn man es aber nur einmal macht, weiß man immer noch eine Menge, und darauf beruhen viele interessante Kunststücke.

Manchmal gibt es im Publikum niemanden, der diese Art des Mischens beherrscht. Dann kann man sich gleichwertig mit der folgenden *Notlösung* behelfen, die man als *Fächermischen* bezeichnen könnte:

- Teile den Stapel in zwei Stapel.
- Verbreitere beide Teilstapel durch Auffächern, und zwar beide nach vorne (oder beide nach hinten).
- Drücke die aufgefächerten Teilstapel nach Belieben ineinander.

Fächermischen.

- Schiebe alles wieder zu einem einzigen Stapel zusammen.

Das ist genauso gut wie Riffelmischen, aber auch für Ungeübte durchzuführen.

Kontrolliertes Mischen 1: falsches Abheben

Diese «Mischmethode» erweckt den Anschein, als ob die Karten danach durcheinandergebracht sind. In Wirklichkeit ist die Reihenfolge genau so wie vorher. Es geht so:

- Der Stapel kommt in die linke Hand. Die rechte zerteilt ihn in drei etwa gleich große Teilstapel und legt sie von rechts nach links auf den Tisch.

- Nun nimmt die linke den mittleren Stapel auf. Danach legt die rechte den rechten Teilstapel obendrauf, und zum Schluss platziert die linke beide auf den letzten (den linken) auf dem Tisch liegenden Teilstapel.

Dadurch, dass sich linke und rechte Hand abwechseln, wird niemand merken, dass sich eigentlich nichts verändert hat.

Die Idee lässt sich dadurch verfeinern, dass man mehr als drei Teilstapel auf den Tisch legt. Wichtig ist nur, dass beim Aufnehmen die ursprüngliche Reihenfolge wiederhergestellt wird und dass – zur Verschleierung – beide Hände beteiligt sind. Hat man etwa 4 Teilstapel ausgelegt, könnte es so gehen: linke Hand nimmt Stapel 3 auf; rechte Hand legt Stapel 2 obendrauf; linke Hand legt alles auf Stapel 4; rechte Hand legt Stapel 1 auf die bisher zusammengelegten Teilstapel.

Kontrolliertes Mischen 2: Die oberste Karte soll nach unten
Da muss man beim Überhandmischen (siehe oben) im allerersten Schritt genau eine Karte abziehen.

Kontrolliertes Mischen 3: Die unterste Karte soll nach oben
Diesmal ist der letzte Schritt des Überhandmischens wichtig: Zuletzt muss eine einzige Karte von links nach rechts wandern.

Kontrolliertes Mischen 4: Die unterste Karte soll unten bleiben
Das geht leicht mit einer kleinen Variation des Überhandmischens: Im ersten Schritt werden gleichzeitig einige Karten von oben und unten abgezogen. Danach werden alle Karten darüber platziert.

Kontrolliertes Mischen 5: Die oberste Karte an die k-te Stelle
Manchmal möchte man die oberste Karte an eine ganz bestimmte Stelle bringen, zum Beispiel an die achte von oben.

Das geht so: Die Karten befinden sich links wie im nachstehenden Bild links oben. Der linke Daumen schiebt immer wieder einige Karten von links nach rechts: zunächst einige in die rechte Hand, und bei den nächsten Malen abwechselnd über oder unter die schon rechts angekommenen (Bild rechts oben und unten). Wichtig ist dabei, dass man vom zweiten Nach-oben-Ziehen an kontrolliert und mitzählt, wie viele Karten mit dem rechten Daumen abgezogen werden. So würde die Reihenfolge «einige nach rechts – einige nach unten – drei nach oben – einige nach unten – zwei nach oben – einige nach unten – zwei nach oben – Rest nach unten» zu einem Stapel führen, bei dem 7 Karten über der ehemals obersten liegen, sie wäre also die achte von oben. Und auf ähnliche Weise kann die oberste Karte an eine beliebige Position gebracht werden.

Die oberste Karte kommt an die k-te Stelle.

Kontrolliertes Mischen 6: Charliermischen

Das Charliermischen[1] erfreut sich großer Beliebtheit, auch in diesem Buch. Am Ende ist mit dem Stapel fast nichts passiert, es hätte auch einfach ein Abheben sein können. Und bei dem bleiben ja die meisten wichtigen Informationen erhalten. Es sieht aber für alle sehr viel wirkungsvoller aus als abheben.

Der Mischvorgang ist der folgende. Der zu mischende Stapel ist in der linken Hand, der Daumen ist oben, die Finger unten (Bild, oben links). Der linke Daumen schiebt einige Karten in die rechte Hand (Bild, oben rechts). Danach schieben die Finger der linken Hand einige Karten von unten *über* die schon rechts befindlichen (Bild, unten links). Dann wieder der linke Daumen: Er transportiert einige Karten *unter* die, die schon rechts liegen (Bild, unten rechts). Und so weiter: Immer abwechselnd arbeiten die linken

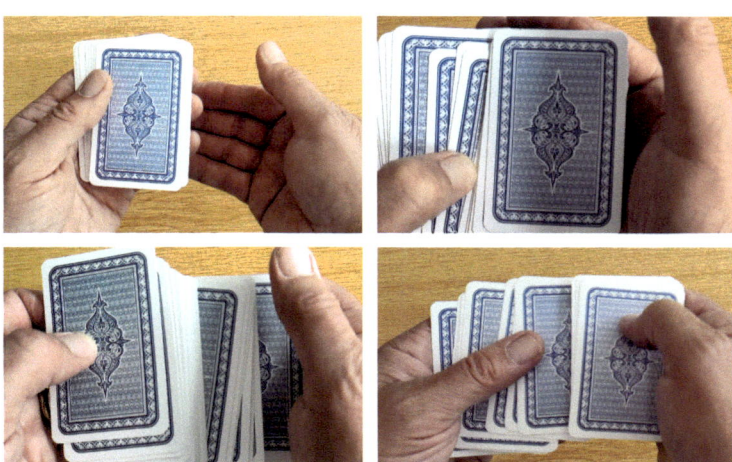

Charliermischen.

---

1) «Charlier» sollte man französisch aussprechen: scharl:je.

Finger und der linke Daumen, die Finger schieben einige Karten *über*, der Daumen *unter* die Karten, die schon da sind.

Das ist wirklich nichts weiter als abheben. Überzeugen Sie sich davon, indem Sie einige Male diesen Mischvorgang durchführen.

Kontrolliertes Mischen 7: «exaktes» Charliermischen
Damit ist gemeint, dass durch den kompliziert aussehenden Mischvorgang ein Stapel entsteht, bei dem eigentlich nur eine bestimmte Anzahl von Karten abgehoben wurde. Oder wenn man es wie beim «kontrollierten Mischen 5» formuliert: Über der ehemals obersten Karte sollen k Karten liegen. Das ist leicht zu erreichen. Man muss nur mitzählen, wie viele Karten mit den Fingern nach oben geschoben werden und es so einrichten, dass es insgesamt k Karten sind.

1

Zahlenquadrate

Es wird nicht überraschen, dass es bei Zauberkunststücken, die einen mathematischen Hintergrund haben, manchmal auch um Zahlen geht. In diesem Kapitel werden in drei Abschnitten gut versteckte Eigenschaften von Zahlenquadraten ausgenutzt, um zauberhafte Effekte zu erzielen: die Beeinflussung der Auswahl von Zahlen durch Gedankenkraft, das Voraussagen von Ergebnissen und schließlich die Demonstration der Fähigkeit, blitzschnell komplizierte magische Quadrate herzustellen.

1.1
Das Ergebnis steht von Anfang an fest

Das Zauberkunststück: Das folgende Kunststück eignet sich ganz hervorragend dazu, bei runden Geburtstagen und Jubiläen eingesetzt zu werden: immer dann, wenn eine besondere Zahl eine wichtige Rolle spielt. Man kann es aber auch ganz anders, nämlich für sehr überraschende Voraussagen einsetzen.

Bei der Geburtstags- / Jubiläumsvariante passiert Folgendes: Die Zauberin hat ein quadratisches Schema von Zahlen vorbereitet, etwa ein 4 × 4-Rechteck aus 16 Zahlen. Der Jubilar darf völlig unbeeinflusst einige dieser Zahlen wählen, doch dann stellt sich heraus, dass die Summe dieser Zahlen gleich dem heute zu feiernden Alter des Geburtstagskindes ist.

Wie ist der Trick vorzubereiten? Soll es ein 4 × 4-Rechteck werden, sucht sich die Zauberin 4 + 4 = 8 Zahlen aus, deren Summe gleich der «Zielzahl» ist: Alter des Geburtstagskindes, Jubiläum usw. Soll zum Beispiel der 32. Geburtstag gefeiert werden, könnte sie 3, 4, 6, 2, 8, 1, 3, 5 wählen. Sie bereitet ein 4 × 4-Raster vor (im Bild blau) und schreibt die ersten 4 Zahlen von oben nach unten neben die erste Spalte, und die nächsten 4 über die erste Zeile. (Siehe Bild 1.1.1, links).

Dann wird das Raster gefüllt, und zwar so: An jede Stelle kommt die Summe der Zahlen, die links in der senkrechten Spalte der vorbereiteten Zahlen und darüber in der vorbereiteten Spalte stehen. So ist zum Beispiel die dritte Zahl in der zweiten Spalte die Summe aus «zweite Zahl der Spalte plus dritte Zahl der Zeile». Auf diese Weise ist im Bild die 7 als 4 + 3 entstanden. Das fertig ausgefüllte Quadrat sieht man im Bild in der Mitte. Nun sind noch die Zahlen, die wir am Anfang links neben und über das Raster geschrieben

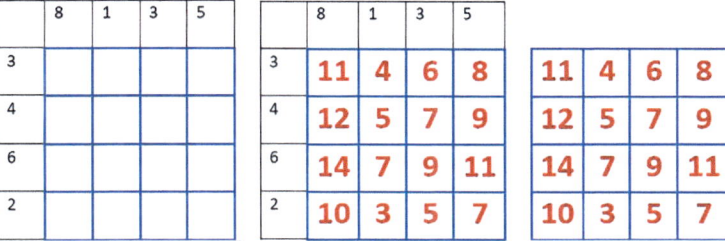

Bild 1.1.1: Randzahlen, Summen und die fertige Tabelle.

haben, zu löschen, und es kann mit dem vorbereiteten Zahlenquadrat wie im Bild rechts losgehen. (Es muss noch in einer dem Anlass angemessenen Größe ausgedruckt werden.)

Es sollte klar sein, wie die vorstehenden Hinweise zu modifizieren sind, wenn man sich für eine andere Zahlenquadratgröße entschieden hat, etwa für ein 3 × 3- oder ein 5 × 5-Quadrat.

Was ist bei der Durchführung zu beachten? Der Jubilar oder die zu Feiernde kommt nach vorn, wo das ausgedruckte Zahlenquadrat aufgestellt ist. Er / Sie wählt ganz frei eine der 16 Zahlen aus, etwa die 7, die dritte Zahl in der zweiten Reihe. Diese Zahl wird unterstrichen oder sonstwie hervorgehoben. Die anderen Zahlen in dieser Zeile und in dieser Spalte werden gestrichen (in Bild 1.1.2 links).

Eine weitere Zahl (unter denen, die noch nicht unter- oder durchgestrichen sind) wird ausgesucht, und wieder werden die anderen Zahlen in der entsprechenden Reihe und Spalte gestri-

Bild 1.1.2: Vier Zahlen werden ausgesucht.

chen. Das passiert dann noch einmal, und nun ist nur noch eine einzige Zahl übrig, die ebenfalls unterstrichen wird. Die Zwischenschritte und das Endergebnis sind ebenfalls im Bild zu sehen: Da wurden nach der 7 noch die 11 und die 10 ausgesucht, und am Ende wurde die 4 unterstrichen.

Und nun kommt die überraschende Pointe: Wenn man die hervorgehobenen Zahlen zusammenzählt (7 + 11 + 10 + 4), kommt die jeweilige Zielzahl, bei uns also 32 heraus! Und das unabhängig davon, wie die (wirklich!) unbeeinflusste Wahl der Zahlen aussah.

Der mathematische Hintergrund: Der ist gut verborgen, sogar Fachleute finden manchmal keine Erklärung.

Aufgrund des Auswahlverfahrens werden aus dem Zahlenquadrat doch die einzelnen Zahlen *so* ausgesucht, dass in jeder Zeile und jeder Spalte genau eine Zahl unterstrichen und damit berücksichtigt wird. Das bedeutet: Bei der Summenbildung kommen von den am Anfang vorgegebenen Zahlen alle am linken Rand und alle oben vorgegebenen vor, und zwar genau einmal.

Anders ausgedrückt heißt das: Die Summe der ausgewählten Zahlen ist gleich der Summe der am Rand notierten Zahlen. Das erklärt die überraschende Übereinstimmung mit der Zielzahl.

Es ist allerdings zu bemerken, dass bei der endgültigen Summenbildung zwar alle Randzahlen genau einmal, allerdings in einer völlig «durcheinandergewürfelten» Reihenfolge auftreten. Das ist aber egal, denn beim Addieren kommt es auf die Reihenfolge nicht an. Der Fachausdruck lautet: Die Addition ist *kommutativ*.

Wenn man das verstanden hat, ist es keine Kunst, sich *Verallgemeinerungen* zu überlegen: Die Addition für natürliche Zahlen kann durch jeden anderen Zahlenbereich und jede andere Vorschrift ersetzt werden, für die das Kommutativgesetz ebenfalls gilt. Zum Beispiel kann man *beliebige* Zahlen einsetzen: auch negative Zahlen, Brüche und (wer die kennen sollte) komplexe Zahlen.

Zudem kann man die Addition durch die *Multiplikation* ersetzen. Hier ist dazu ein Beispiel: Wir haben als Randzahlen 1, 2, 3, 4, 5, 6 gewählt. Das Produkt ist $1 \cdot 2 \cdot 3 \cdot 4 \cdot 5 \cdot 6 = 720$, und im zugehörigen Quadrat wurde jetzt jedes Mal «Zahl links *mal* Zahl darüber» eingesetzt (Bild 1.1.3, links und – in der Mitte – in der Vorführversion). Egal, wie man dann die Auswahl vornehmen lässt (zum Beispiel so, wie in Bild 1.1.3, rechts), das Produkt der ausgewählten Zahlen wird garantiert 720 sein.

	4	5	6
1	4	5	6
2	8	10	12
3	12	15	18

4	5	6
8	10	12
12	15	18

~~4~~	5	~~6~~
8	~~10~~	~~12~~
~~12~~	~~15~~	18

Bild 1.1.3: Ein durch Multiplikation erzeugtes Quadrat.

(Im Bild etwa ist $5 \cdot 8 \cdot 18 = 720$.)

Diese Erkenntnis sollte allerdings nur gut überlegt eingesetzt werden. Bei der Geburtstagsfeier eines Kollegen habe ich zwar einmal mit komplexen Zahlen gearbeitet, doch für die meisten Anlässe sollte man bei der Addition bleiben und nicht zu große (zu lange Präsentation!) oder zu kleine (zu kurze!) Zahlenquadrate verwenden.

Die Präsentation: Man kann die Vorführung als Gedankenbeeinflussungsexperiment aufziehen: Durch massiven Einsatz von Gehirnströmen wird der Jubilar / Zuschauer dazu veranlasst, ganz bestimmte Zahlen auszuwählen. Da kann man auch einen Zauberstab einsetzen.

Auch kann man das Auswahlverfahren ein bisschen variieren. In der vorherigen Beschreibung ist es doch so: Zahl auswählen, alle anderen in dieser Zeile und dieser Spalte streichen; Zahl aus den restlichen auswählen, alle anderen in dieser Zeile und dieser Spalte streichen; usw. Der Nachteil: Bei der letzten auszuwählenden Zahl gibt es eigentlich keine Wahlmöglichkeiten mehr. Nach etwas mehr «Zufallswahl» sieht es aus, wenn man es wie folgt macht (ich beschreibe es für ein 4 × 4-Quadrat):

Der Zuschauer schreibt die Zahlen von 1 bis 4 in einer ganz beliebigen Reihenfolge *über* die Spalten des Quadrats, und danach die Zahlen von 1 bis 4 ganz beliebig *neben* die Zeilen. Ist dann zum Beispiel eine 1 neben Zeile 2 und eine über Spalte 4, so wird die Zahl in Zeile 2 und Spalte 4 unterstrichen, und ganz analog wird mit den am Rand stehenden Zahlen 2, 3, 4 verfahren. Das sieht irgendwie «zufälliger» aus, ist aber eigentlich dasselbe Auswahlverfahren. Nebenbei könnte man erwähnen, dass der Zuschauer die beeindruckende Zahl von $4! \cdot 4! = 24 \cdot 24 = 576$ Auswahlmöglichkeiten hatte.

Varianten: Wer Zahlen nicht in den Vordergrund stellen möchte, kann das ein bisschen verschleiern, indem Zahlen scheinbar nur am Rande auftreten. Für dieses Kunststück sind *Einkaufsangebote* wie in Bild 1.1.4 vorbereitet.

Eine Zuschauerin wird gebeten, zum Einkaufen zu gehen. Bevor es losgeht, schaut der Zauberer ihr lange in die Augen und gibt in einem Briefumschlag eine noch heimliche Prognose ab, wie viel sie am Ende wohl ausgegeben haben wird. Es folgt das in diesem Abschnitt übliche Verfahren: Einen Gegenstand auswählen, alle anderen in dieser Zeile und Spalte streichen. Und das so lange, bis vier Gegenstände ausgewählt sind. Die Summe der Preise (hier: 35 Euro) stimmt mit der Prognose überein.

Das Bild muss natürlich vorher entworfen und ausgedruckt

Das Ergebnis steht von Anfang an fest

Bild 1.1.4: Auf zum Shopping!

werden. Man kann dazu Bilder aus Katalogen verwenden, die man mit Phantasiepreisen versieht. Der Preis für das j-te Bild in der i-ten Zeile ist die Summe aus i-ter Randzahl und j-ter Spaltenzahl. Dabei sind die Spalten- und Zeilenzahlen vorher gewählt, und ihre Summe ist die Prognose.

Das Bild kann durch Ausschneiden und Kleben, aber natürlich auch durch Fotografieren und Zusammenfügen am Computer hergestellt werden. (Ich habe Powerpoint verwendet.)

1.2
Weitere Varianten

Das Zauberkunststück: Der Zauberer präsentiert ein ziemlich großes aus Zahlen bestehendes Quadrat. Es könnte etwa so wie in Bild 1.2.1 aussehen:

10	11	9	10	15	16	13	15	9	14
9	10	8	9	14	15	12	14	8	13
4	5	3	4	9	10	7	9	3	8
8	9	7	8	13	14	11	13	7	12
3	4	2	3	8	9	6	8	2	7
8	9	7	8	13	14	11	13	7	12
6	7	5	6	11	12	9	11	5	10
8	9	7	8	13	14	11	13	7	12
4	5	3	4	9	10	7	9	3	8
11	12	10	11	16	17	14	16	10	15

Bild 1.2.1: Das am Anfang präsentierte Quadrat.

Nun ist ein Zuschauer gefragt: Er soll vier Zeilen und vier Spalten ganz beliebig markieren. Es wird bemerkt, dass die Anzahl der Auswahlmöglichkeiten gigantisch ist: 4 aus 10 zum Quadrat, also $210 \cdot 210 = 44100$. Jetzt wird ein 4×4-Quadrat aus den Zahlen in den markierten Zeilen und Spalten gebildet: Das sind in Bild 1.2.2 die grün markierten Zahlen, die Zeilen und Spaltenauswahl des Zuschauers sieht man rechts.

Eine Prognose des Zauberers wird abgegeben und verdeckt auf den Tisch gelegt. Und nun geht es wirklich los.

Der Zuschauer unterstreicht eine der grünen Zahlen, die restlichen Zahlen in dieser Zeile und dieser Spalte werden gestrichen.

10	11	9	10	15	16	13	15	9	14		2	4	5	8
9	10	8	9	14	15	12	14	8	13		1	3	4	7
4	5	3	4	9	10	7	9	3	8					
8	9	7	8	13	14	11	13	7	12					
3	4	2	3	8	9	6	8	2	7					
8	9	7	8	13	14	11	13	7	12					
6	7	5	6	11	12	9	11	5	10					
8	9	7	8	13	14	11	13	7	12					
4	5	3	4	9	10	7	9	3	8					
11	12	10	11	16	17	14	16	10	15					

Bild 1.2.2: Die ausgewählten Zeilen und Spalten erzeugen ein 4 × 4-Quadrat.

Noch einmal: Eine noch freie grüne Zahl wählen, die anderen dieser Zeile und Spalte streichen. Dann noch einmal, danach ist noch eine einzige grüne Zahl übrig, die ebenfalls unterstrichen wird. So hätten zum Beispiel die Zahlen 9, 8, 2, 11 ausgewählt werden können. Die Summe dieser in unserem Beispiel ausgewählten vier Zahlen ist 30.

Sie stimmt mit der Prognose überein: Woher wusste der Zauberer, dass trotz der vielen Wahlmöglichkeiten des Zuschauers am Ende 30 herauskommen würde?

Der mathematische Hintergrund: Die Idee ist eine Verallgemeinerung des beim vorigen Kunststück geschilderten Verfahrens. Es empfiehlt sich, das bei Interesse noch einmal nachzulesen. Das Zahlenquadrat wurde – im Fall eines $n \times n$-Quadrats – also dadurch erzeugt, dass man zunächst ein leeres $n \times n$-Raster herstellt, dann n Zahlen für die Zeilen und n Zahlen für die Spalten wählt und dann das Raster füllt: Die Zahl in der i-ten Zeile und j-ten Spalte des Rasters ist die Summe aus der i-ten Zeilenzahl und der j-ten Spaltenzahl. Es ist also genau so wie im vorigen Abschnitt.

Im Beispiel hatten wir die Zahlen 8, 7, 2, 6, 1, 6, 4, 6, 2, 9 für die Zeilen (von oben nach unten) und 2, 3, 1, 2, 7, 8, 5, 7, 1, 6 für die Spalten (von links nach rechts) gewählt, Deswegen steht zum Beispiel als zweite Zahl in der dritten Zeile die 5 = 2 + 3.

Die entscheidende Beobachtung ist nun, dass man sich die oben grün hervorgehobenen Zahlen als so entstanden denken kann, dass ein Zahlenquadrat wie im vorigen Abschnitt erzeugt worden wäre, bei dem die *Randzahlen der ausgewählten Zeilen und Spalten* verwendet worden wären. (Im Beispiel wären das die Zahlen 7, 6, 1, 6 für die Zeilen und 2, 1, 2, 5 für die Spalten.) Deswegen ist klar, dass die Zuschauerwahlen (welche grüne Zahl zuerst, dann als zweite usw.) keinen Einfluss auf die Summe der ausgewählten Zahlen haben werden.

Leider sind aber die Randzahlen nicht zu sehen: Wenn es doch ginge, wäre klar, dass bestimmt 7 + 6 + 1 + 6 + 2 + 1 + 2 + 5 = 30 herauskommt. Man muss sich anders behelfen. Man weiß doch, dass bei allen Auswahlen das Gleiche herauskommt. Deswegen kann man sich eine besonders einfach zu identifizierende Summe aussuchen. Ich empfehle die Diagonale: Erste grüne Zahl der ersten grünen Zeile; plus zweite grüne Zahl der zweiten grünen Zeile; plus dritte grüne Zahl der dritten grünen Zeile; plus vierte grüne Zahl der vierten grünen Zeile. In unserem Fall ist das 9 + 7 + 3 + 11 = 30. Wenn man das unauffällig gemacht hat, kann man die Prognose aufschreiben und es kann weitergehen.

Wie ist der Trick vorzubereiten? Ein ziemlich großes Zahlenquadrat ist so wie im vorigen Abschnitt vorzubereiten. Ich beschreibe alles für ein 8 × 8-Quadrat:

- 8 Zahlen neben die Zeilen und 8 Zahlen über die Spalten schreiben.
- Quadrat füllen: Randzahl i plus Spaltenzahl j ergibt den Eintrag in Zeile i und Spalte j.

- Zahlen am Rand entfernen (noch einmal abschreiben oder einfach abschneiden).

Das ist schon alles.

Was ist bei der Durchführung zu beachten? Mal angenommen, wir wollen mit 4 × 4-Auswahlen arbeiten. Ein Zuschauer markiert 4 Zeilen und 4 Spalten, die 16 Zahlen in diesen Zeilen und Spalten werden hervorgehoben, zum Beispiel durch Umkreisen oder durch Unterstreichen mit einem farbigen Filzstift.

Nun kommt eine kleine *Kopfrechenaufgabe*: Der Zauberer muss schnell und unauffällig die Summe über die Diagonale ausrechnen: Erste markierte Zahl der ersten markierten Zeile; plus zweite markierte Zahl der zweiten markierten Zeile; plus dritte markierte Zahl der dritten markierten Zeile; plus vierte markierte Zahl der vierten markierten Zeile. (Die Rechnung kann er schon während des Unterstreichens mit dem Filzstift durchführen.) Das Ergebnis schreibt er auf einen Prognosezettel, den er verdeckt auf den Tisch legt.

Nun beginnt die Zuschauerauswahl: Irgendeine markierte Zahl wählen; unterstreichen; alle anderen in dieser Zeile durchstreichen; weitere markierte Zahl wählen; unterstreichen; alle anderen in dieser Zeile durchstreichen; usw., so lange, bis es nicht mehr geht. (Die zuletzt übrig gebliebene Zahl wird nur noch unterstrichen, es gibt nichts mehr zum Durchstreichen.)

Und dann wird die Summe der unterstrichenen Zahlen mit der Prognose übereinstimmen!

Die Präsentation: Ich selbst mache es – wie im vorigen Kapitel – so, dass ich das Kunststück unter das Motto «Gedankenkraft erzwingt eine ganz bestimmt Auswahl» stelle.

Varianten: Es gibt eine attraktive Variante, bei der man fast nichts rechnen und fast nichts vorbereiten muss. Sie geht wie folgt.

Man hält einen handelsüblichen Kalender bereit, der nach Wochen sortiert ist: Die Zahlen der folgenden Zeile sind jeweils um 7 größer. Etwa so wie in Bild 1.2.3:

				1	2	3
4	5	6	7	8	9	10
11	12	13	14	15	16	17
18	19	20	21	22	23	24
25	26	27	28	29	30	31

Bild 1.2.3: Ein Kalender.

Vorbereitet sind eine oder zwei Schablonen: Ein rechteckiges Loch in einem Stück Papier, das so ausgeschnitten ist, dass beim Darüberlegen genau ein 3 × 3-Quadrat (oder ein 4 × 4-Quadrat) von Kalenderzahlen zu sehen ist.

Diese Schablonen kann ein Zuschauer irgendwo auf den Kalender legen. Das soll so geschehen, dass bei der 3 × 3-Schablone 9 Zahlen bzw. bei der 4 × 4-Schablone 16 Zahlen zu sehen sind. Als Beispiele betrachte man die beiden Auswahlen in Bild 1.2.4, da sind die sichtbaren Zahlen grün gezeichnet.

				1	2	3
4	5	6	7	8	9	10
11	**12**	**13**	**14**	15	16	17
18	**19**	**20**	**21**	22	23	24
25	**26**	**27**	**28**	29	30	31

				1	2	3
4	5	6	**7**	**8**	**9**	**10**
11	12	13	**14**	**15**	**16**	**17**
18	19	20	**21**	**22**	**23**	**24**
25	26	27	**28**	**29**	**30**	**31**

Bild 1.2.4: Eine 3 × 3- und eine 4 × 4-Auswahl.

Nun folgt eine ganz wichtige

> *Beobachtung:* Das so entstehende grüne Zahlenquadrat ist genau so entstanden wie die bisherigen: Ein Eintrag wurde also dadurch gebildet, dass eine Spaltenzahl und eine Randzahl addiert wurden.
>
> *Begründung:* (Zum Beispiel für das 3 × 3-Quadrat.) Man schreibe an die Zeilen die Zahlen 0, 7, 14 und über die Spalten die Zahlen der oberen Reihe des Quadrats.

Die für uns wichtige Konsequenz: Wir können die ausgewählten Zahlen für ein Zauberkunststück benutzen!

Es geht dann so weiter. Nach dem Auswahlprozess gibt der Zauberer eine Prognose ab (mehr dazu gleich), und dann ist der Ablauf wie üblich: Grüne Zahl unterstreichen, die anderen grünen Zahlen in dieser Zeile und Spalte streichen; noch freie grüne Zahl suchen usw. Am Ende sind drei Zahlen in der 3 × 3-Variante und vier Zahlen in der 4 × 4-Variante ausgesucht. Die Summe der Zahlen stimmt mit der Prognose überein.

Es handelt sich ja um einen Spezialfall des vorstehend beschriebenen Kunststücks, und deswegen kann man als Prognose die Zahl «Summe der Werte auf der Diagonale des Quadrats» stellen.

Es geht aber *viel einfacher*! Für das 3 × 3-Quadrat: Wenn man die Zahl oben links mit a bezeichnet, so ist die Diagonalsumme gleich $a + (a + 8) + (a + 16) = 3a + 24 = 3(a + 8)$. Anders ausgedrückt:

> Im 3 × 3-Quadrat, das bei der Kalenderauswahl entstanden ist, ist die Diagonalsumme das Dreifache der Zahl in der Mitte des Quadrats.

Im Beispiel von Bild 1.2.4: Die Summe ist $12 + 20 + 28 = 60$, und das ist das Dreifache von 20.

Entsprechend einfach ist es im 4 × 4-Quadrat. Wenn die Zahl links oben wieder a heißt, so ergibt sich die Summe über die Diagonale als $a + (a + 8) + (a + 16) + (a + 24) = 4a + 48 = 2[a + (a + 24)]$, und das bedeutet:

> Im 4 × 4-Quadrat, das bei der Kalenderauswahl entstanden ist, ist die Diagonalsumme das Doppelte der Summe aus der Zahl links oben plus der Zahl rechts unten.

Im Beispiel von Bild 1.2.4 ist die Diagonalsumme $7 + 15 + 23 + 31 = 76$, und das ist wirklich das Doppelte von $7 + 31 = 38$.

Mit dieser Faustregel sollte es kein Problem sein, die fragliche Prognose unauffällig und schnell zu berechnen.

1.3
Der Zauberer produziert ein magisches Quadrat

Dieses Kunststück hat eine interessante Vorgeschichte. Ich saß vor einiger Zeit in einer Zaubervorstellung, und der Zufall wollte es, dass ich als «freiwilliger» Zuschauer auf die Bühne gebeten wurde und dass ich dann ausgerechnet bei einem mathematischen Zauberkunststück mitmachen sollte. Der Effekt war überraschend. Ich habe ihn analysiert, hier ist er. Mit etwas Übung sollten ihn alle Interessierten nachmachen können.

Es wird um *magische Quadrate* gehen, also um Zahlenquadrate, bei denen viele Summen identisch sind: Summen über die Zeilen, Spalten, Diagonalen, ... Die ersten magischen Quadrate wurden schon vor einigen Tausend Jahren gefunden, bekannt ist das *Lo-Shu-Quadrat* aus dem dritten Jahrtausend vor unserer Zeitrechnung. In unserer heutigen Notation sieht es so aus:

4	9	2
3	5	7
8	1	6

Es wurden die Zahlen von 1 bis 9 verwendet, und die verschiedensten Summen ergeben den Wert 15: Summe über jede Spalte, jede Zeile und jede Diagonale

Noch weit berühmter ist das magische Quadrat von *Albrecht Dürer* aus dem Kupferstich *Melencolia I* (1514):

16	3	2	13
5	10	11	8
9	6	7	12
4	15	14	1

Dürers magisches Quadrat weist einige Besonderheiten auf. Nicht nur, dass Zeilen-, Spalten- und Diagonalensummen alle gleich (nämlich gleich 34) sind, auch die Zahlen in den 2 × 2-Quadraten in den Ecken und in der Mitte sowie die vier Eckzahlen summieren sich zu diesem Wert auf. (Insgesamt gibt es also 16 verschiedene Summationen, die zum selben Wert führen.) Auch ist in der letzten Zeile in der Mitte die Zahl 1514 zu finden, die Jahreszahl der Entstehung des Bildes.

Fasst man es übrigens ganz streng auf, so dürfen in einem magischen $n \times n$-Quadrat nur die Zahlen 1, 2, 3, ..., n^2 verwendet werden. Das soll hier ein bisschen abgeschwächt werden: Es dürfen beliebige Zahlen vorkommen, aber die Summen über Zeilen, Spalten usw. sollen alle gleich sein.

Das Zauberkunststück: Die Zauberin präsentiert ein leeres Raster mit vier Zeilen und vier Spalten. Ein Zuschauer wird aufgefordert, sein Geburtsdatum zu nennen, etwa den 20.3.69. Die vier Zahlen 20, 3, 6, 9 werden in die erste Zeile des Rasters eingetragen:

20	3	6	9

Dann geht alles ganz schnell. Die Zauberin füllt das Raster, und scheinbar mühelos entsteht ein magisches Quadrat:

20	3	6	9
5	10	19	4
10	7	2	19
3	18	11	6

Die Summe über die erste Zeile ist ja aufgrund der Vorgabe 38, und diese Summe ergibt sich auch:
    als Summe über die Zahlen jeder Zeile;
    als Summe über die Zahlen jeder Spalte;
    als Summe über jede der Diagonalen;
    als Summe über die vier Ecken;
    als Summe über die vier Zahlen oben links;
    als Summe über die vier Zahlen oben in der Mitte;
    als Summe über die vier Zahlen oben rechts;
    als Summe über die vier Zahlen unten links;
    als Summe über die vier Zahlen unten rechts;
    als Summe über die vier Zahlen unten in der Mitte;
    als Summe über die vier Zahlen in der Mitte.

Das sieht wirklich nach Zauberei aus, doch wie hat sie das gemacht?

Der mathematische Hintergrund: Das Problem ist doch das folgende. Man hat ein Zahlenraster mit schon ausgefüllter erster Zeile:

a	b	c	d

, etwa

20	3	6	9

Dabei sind a, b, c, d Zahlen, die die Zauberin erst während der Präsentation erfährt. Wie soll sie die leeren Felder füllen, sodass ein Quadrat mit den gewünschten Eigenschaften entsteht? Sehr viele Summen sollen gleich der Zahl $a + b + c + d$ sein, der Summe über die erste Zeile: Zeilen, Spalten usw.

Die Lösung muss man in der Theorie der *Gleichungssysteme* suchen. Wenn man die 12 fehlenden Zahlen als (noch) Unbekannte auffasst, sollen doch gewisse Gleichungen erfüllt sein. Zum Beispiel: Wenn wir – nur für den Augenblick – die noch fehlenden Zahlen in Spalte 1 mit x, y, z bezeichnen, fordern wir $a + x + y + z = a + b + c + d$, damit die Summe über die erste Spalte den geforderten Wert hat.

Das ist viel komplizierter als das, was man in der Schule unter dem Stichwort «Gleichungssysteme» behandelt, etwa «Der Vater ist 25 Jahre älter als der Sohn. Zusammen sind sie 40 Jahre alt. Wie alt sind Vater und Sohn?» Die Lösungstheorie lernen Mathematikstudenten im ersten Semester, hier soll nur das Ergebnis für unser Problem angegeben werden.

Um ein magisches Quadrat mit den geforderten Eigenschaften zu finden, verfahre man wie folgt. Man bestimme ganz beliebige Zahlen E, F, G und fülle das Quadrat dann so:

a	b	c	d
$c - F$	$d + F$	$a + G$	$b - G$
$d - E$	$c - E - F - G$	$b + E$	$a + E + F + G$
$b + E + F$	$a + E + G$	$d - E - G$	$c - E - F$

Auf diese Weise entstehen alle Möglichkeiten, das Quadrat wie gewünscht zu füllen. Das sieht kompliziert aus und ist es sicher auch. Wir werden es aber durch die Wahl «einfacher» Zahlen E, F, G wesentlich vereinfachen. Zunächst wollen wir uns davon überzeugen, dass auf diese Weise magische Quadrate entstehen. Wie ist denn zum Beispiel die Summe über die erste Spalte? Sie ist gleich

$$a + (c - F) + (d - E) + (b + E + F) = a + b + c + d,$$

denn E und F heben sich weg. Sie ist also so wie gewünscht. Genauso unproblematisch zeigt man, dass auch alle anderen Forderungen erfüllt sind. Zum Beispiel ist auch die Summe über die Diagonale gleich $a + b + c + d$:

$$a + (d + F) + (b + E) + (c - E - F) = a + b + c + d.$$

Je nachdem, wie man E, F, G wählt, entstehen andere geeignete Quadrate. In Abhängigkeit davon, was man sich an Merk- und Rechenleistung zutraut, kann man diese Zahlen mehr oder weniger kompliziert wählen.

Die konkurrenzlos einfachste Wahl ist sicher $E = F = G = 0$, das führt zur linken nachstehenden Tabelle. Das wird im konkreten Fall (rechte Tabelle) noch ein bisschen simpel aussehen.

a	b	c	d
c	d	a	b
d	c	b	a
b	a	d	c

20	3	6	9
6	9	20	3
9	6	3	20
3	20	9	6

Schon besser ist die Wahl $E = F = 1$, $G = 0$. Links sieht man die mit diesen Werten von E, F, G berechneten Einträge im Allgemeinen, rechts im konkreten Fall.

a	b	c	d
$c-1$	$d+1$	a	b
$d-1$	$c-2$	$b+1$	$a+2$
$b+2$	$a+1$	$d-1$	$c-2$

20	3	6	9
5	10	20	3
8	4	4	22
5	21	8	4

Und schließlich zeigen wir noch, was im Fall $E = 1$, $F = 2$, $G = 1$ passiert: links allgemein, rechts im konkreten Beispiel.

a	b	c	d
$c-2$	$d+2$	$a+1$	$b-1$
$d-1$	$c-4$	$b+1$	$a+4$
$b+3$	$a+2$	$d-2$	$c-3$

20	3	6	9
4	11	21	2
8	2	4	24
6	22	7	3

Wirklich alle E, F, G sind zugelassen, auch wenn bei Wahl zu großer Zahlen die Tabelleneinträge negativ werden können. Laien wären verwirrt, das sollte man vermeiden.

Wie ist der Trick vorzubereiten? Ein leeres 4 × 4-Raster in einer für die Vorführung geeigneten Größe sollte bereitgehalten werden. Ansonsten heißt es: üben, üben, üben! Man muss in der Lage sein, bei vorgegebenen Zahlen *a*, *b*, *c*, *d* (die erste Zeile im nachstehenden Zahlenquadrat) die anderen drei Zeilen zügig und zuverlässig auszufüllen.[1]

a	b	c	d
$c-1$	$d+1$	a	b
$d-1$	$c-2$	$b+1$	$a+2$
$b+2$	$a+1$	$d-1$	$c-2$

Zum Beispiel dadurch, dass man zuerst alles einträgt, was mit *a* zu tun hat: *a*, *a* + 2, *a* + 1. Dann alles mit *b*, mit *c* und mit *d*.

Es darf nicht nach geistiger Schwerstarbeit aussehen, und es empfiehlt sich wirklich, das Ganze ohne Publikum oft genug zu trainieren.

Was ist bei der Durchführung zu beachten? Zunächst braucht man aus dem Publikum vier Zahlen für die erste Zeile: Geburtsdatum, Hausnummern, Postleitzahlen, … Dann wird ausgefüllt, und man testet recht viele der Summationsergebnisse, die ja alle gleich sind: Zeilen, Spalten, Diagonalen, Viergruppen (s. o.).

Die Präsentation: Hier kann man ein bisschen Theater spielen: Man tut am Anfang so, als wenn man sehr angestrengt nachdenkt, und dann wird recht schnell das Quadrat mit Zahlen gefüllt.

Varianten: Man kann sich auch eine einzige Zahl, etwa zwischen 30 und 50, zurufen lassen: Das soll die gemeinsame Summe aller Zeilen, Spalten usw. sein. Diese Zahl teilt man in vier Summanden auf und schreibt die in die erste Zeile. Weiter geht es wie bisher.

Diese Idee kann man auch für ein gänzlich stressfrei hergestelltes originelles Geburtstagsgeschenk verwenden. Diesmal

---

[1] Das ist ein Beispiel. Viel mehr dazu findet man im Mathematikteil.

kann man sich auch kompliziertere *E*, *F*, *G* (siehe Mathematikteil) zutrauen, denn man hat ja alle Zeit der Welt.

Also: Vier Zahlen so aussuchen, dass die Summe das Alter des zu Beschenkenden ist; diese in die erste Zeile eines 4 × 4-Rasters schreiben; die restlichen Felder des Rasters mit der obigen Methode füllen; in einem handelsüblichen Schreibprogramm (etwa Word) als attraktive Tabelle herstellen und dann ausdrucken und verschenken.

2

Geometrie

Auch geometrische Tatsachen lassen sich manchmal für Zauberkunststücke verwenden. Das Geheimnis des ersten der hier vorgestellten liegt darin, dass man sich bei vermeintlichen «Dreiecken» nicht täuschen lassen sollte. Beim zweiten wird man dadurch verwirrt, dass «kleiner» und «größer» scheinbar austauschbar sind.

2.1
Das unmögliche Dreieck

Das Zauberkunststück: Es passiert etwas Unmögliches! Zunächst wird ein Dreieck aus einigen Teilen zusammengesetzt. Dann werden diese Teile ein bisschen umsortiert, sodass insgesamt dasselbe Dreieck entsteht: Aber nun gibt es ein Loch! In Bild 2.1.1 sieht man ein fast schon klassisches Beispiel:

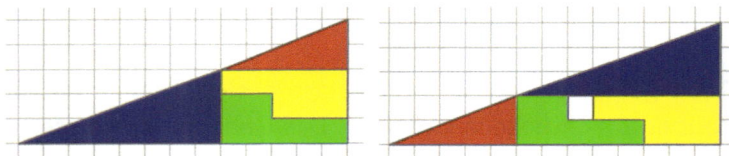

Bild 2.1.1: Nach dem Umsortieren ist Platz für ein kleines Quadrat.

Alle können sich wegen der Hilfslinien auf dem Untergrund davon überzeugen, dass wirklich in beiden Fällen dasselbe große Dreieck ausgelegt wurde: Es ist rechtwinklig, und die Katheten (das sind die kürzeren Seiten eines rechtwinkligen Dreiecks) sind 13 und 5 Einheiten lang.

Nachstehend wird erläutert, wie das Phänomen erklärt werden kann. Und danach wird es möglich sein, auf vielfältige Weise eigene Beispiele zu erfinden.

Der mathematische Hintergrund: (Wie üblich gilt, dass man das Lesen dieses Teils überspringen oder auf später verschieben kann und beim Abschnitt «Vorbereitung» fortsetzt.) Die Begründung beruht auf einem interessanten Zusammenspiel von geometrischen Tatsachen und Zahleneigenschaften. Wir bleiben zunächst bei dem Beispiel aus Bild 2.1.1. Teil des großen Dreiecks auf der linken Seite sind doch zwei kleinere: das blaue mit den Katheten 3 und 8, und das rote mit den Katheten 2 und 5. Das erklärt auch schon das Phänomen: Die Steigung der Hypotenuse (der längsten Seite) im blauen Dreieck ist 3/8 = 0.375, im roten ist sie 2/5 = 0.4. Da 0.375 und 0.4 sehr nahe beieinanderliegen, entsteht die Illusion, dass die gesamte Figur ein Dreieck ist. In Wirklichkeit ist es aber keins, die Hypotenuse ist leicht «eingebeult», da die Steigung im blauen Dreieck kleiner ist als im roten.

Genau umgekehrt ist es im Dreieck auf der anderen Seite. Da ist die «Hypotenuse» leicht «ausgebeult», und der Unterschied zwischen «eingebeult» und «ausgebeult» schafft Platz für das Loch: ein kleines Quadrat fehlt scheinbar. Den Unterschied der Steigungen kann man auch sehen, wenn man das Bild fast parallel zur Blickrichtung hält und es sich jeweils von links unten anschaut.

Die Tatsache, dass die Steigungen nur «fast gleich» sein müssen, wollen wir für Situationen nutzen, bei denen andere Zahlen auftreten. Genauer:

> Das rote und das blaue Dreieck werden ersetzt durch rechtwinklige Dreiecke mit anderen Kantenlängen. Die Steigungen der Hypotenusen sollen so nahe wie möglich beieinander liegen.

Zunächst treffen wir eine *Vereinbarung*: Die bei den Katheten auftretenden Längen sollen *ganzzahlig* sein. Denn dadurch können alle durch Blick auf ein Raster auf der Unterlage die Vorgänge beim Umsortieren nachprüfen.

Auf diese Weise ergibt sich das folgende Problem: Gesucht sind ganze Zahlen a, b (die Kathetenlängen des blauen Dreiecks) und x, y (die Kathetenlängen des roten Dreiecks) mit der Eigenschaft, dass b/a möglichst nahe bei y/x liegt. In mathematischer Symbolik: $b/a \approx y/x$. «Möglichst nahe» soll dabei aber nicht die Gleichheit bedeuten, denn wir wollen ja erreichen, dass beim Vertauschen von blau-rot aus «ausgebeult» ein «eingebeult» (oder umgekehrt) wird.

Wenn wir die gewünschte Bedingung $b/a \approx y/x$ auf beiden Seiten mit xa multiplizieren, wird daraus unter Verwendung der Rechenregeln für Brüche die Forderung, dass xb möglichst nahe bei (aber nicht identisch mit) ya sein muss, und da a,b,x,y ganze Zahlen sein sollen, heißt das, dass sich xb und ya am besten um genau 1 unterscheiden.

So war es ja im obigen Beispiel: $2 \cdot 8 = 3 \cdot 5 + 1$, und daraus folgt (nach Teilen der Gleichung durch $5 \cdot 8 = 40$) $2/5 = 3/8 + 1/40 \approx 3/8$.

Die Steigungen der beiden Hypotenusen (blaues und rotes Dreieck) sind also fast gleich. Wenn man sie so anordnet wie im Bild, so kann man sie beinahe als «Hypotenuse» eines größeren rechtwinkligen Dreiecks ansehen. Um das zu machen, fehlt allerdings noch ein Rechteck: links eins mit den Seitenlängen 5 und 3, und rechts eins mit den Seitenlängen 8 und 2. Die Flächeninhalte sind $5 \cdot 3 = 15$ und $2 \cdot 8 = 16$, das rechte ist also um Eins größer. Nun fehlt nur noch ein einziger Schritt: Teile das linke Rechteck *so* in einige (möglichst wenige) Teile auf, dass man durch Umsortieren das rechte Rechteck mit einem Loch der Breite Eins mal Eins erhält. Dass es geht, ist klar, man kann das linke Rechteck ja in 15 kleine 1×1-Quadrate zerlegen. Eleganter ist die im Bild vorgeschlagene Lösung, die nur zwei Teile benötigt (die gelbe und die grüne Figur). Es gibt aber auch viele andere Möglichkeiten. Ein Beispiel ist in Bild 2.1.2 zu sehen.

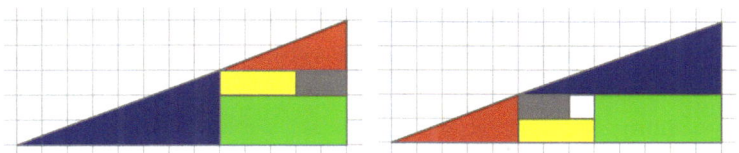

Bild 2.1.2: Ein weiteres Beispiel, um die Approximation 3/8 ≈ 2/5 auszunutzen.

Wir können nun die bisherigen Erkenntnisse in eine *Konstruktionsanleitung für weitere Beispiele* zusammenfassen:

Schritt 1: Suche ganze Zahlen a,b,x,y mit der Eigenschaft $ab = xy + 1$. Dann gibt es vier Möglichkeiten, zu nahe beieinanderliegenden Quotienten zu kommen. Je nachdem, ob man die Gleichung $ab = xy + 1$ durch ax, ay, bx oder by teilt, kann man

$$b/x \approx y/a,\ b/y \approx x/a,\ a/x \approx y/b,\ a/y \approx x/b$$

verwenden. Wir nehmen an, dass wir mit $b/x \approx y/a$ weitermachen wollen.

Schritt 2: Wir brauchen zunächst zwei rechtwinklige Dreiecke mit den Kathetenlängen b,x und y,a. Dabei sind die Steigungen der Hypotenusen y/a und b/x fast gleich, und b/x ist die größere Steigung (denn $b/x = y/a + 1/(ax)$). Wenn das y-a-Dreieck links unten und das b-x-Dreieck rechts oben steht, muss das durch ein Rechteck mit den Kantenlängen x und y ergänzt werden. Und wenn es umgekehrt ist, braucht man ein Rechteck mit den Kantenlängen b und a.

Und nun kommt der *kreative Teil*. Das erste Rechteck hat ja den um Eins kleineren Flächeninhalt, denn $ab = xy + 1$. Es muss dann lückenlos so in möglichst wenige Teilstücke zerlegt werden, dass man damit das etwas größere ebenfalls fast lückenlos auslegen kann: Es bleibt aber ein 1 × 1-Quadrat übrig.

Das klingt ein bisschen abstrakt, hier gibt es zwei Beispiele.

Beispiel 1: Wir gehen aus von $5 \cdot 5 = 3 \cdot 8 + 1$ und nutzen die Approximation $5/8 = 3/5 + 1/40 \approx 3/5$. Das könnte dann zu einem «unmöglichen Dreieck» wie in Bild 2.1.3 Anlass geben.

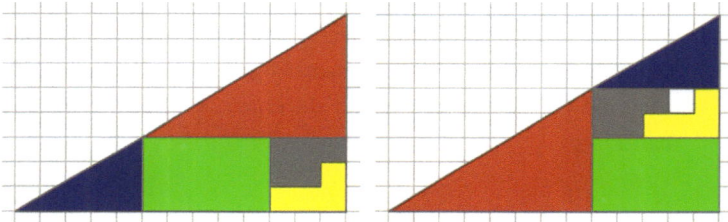

Bild 2.1.3: Hier nutzen wir $5/8 \approx 3/5$ aus.

Beispiel 2: Diesmal starten wir mit $5 \cdot 10 = 7 \cdot 7 + 1$, das führt zur Approximation $5/7 = 7/10 + 1/70 \approx 7/10$. Mit diesen Werten wurde Bild 2.1.4 erzeugt.

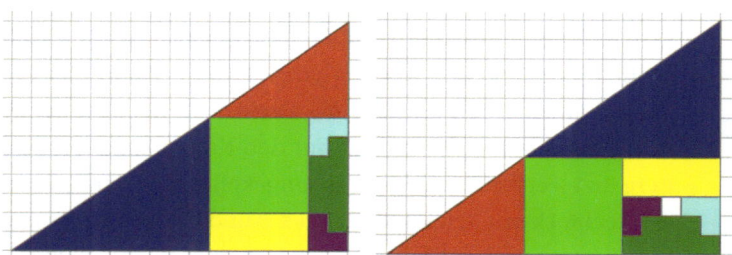

Bild 2.1.4: Hier nutzen wir $5/7 \approx 7/10$ aus.

Ergänzungen: 1. Leserinnen und Lesern, die sich schon ein bisschen mit Mathematik auskennen, wird aufgefallen sein, dass es sich bei den hier zuerst vorkommenden Zahlen, also bei 2,3,5,8, um *Fibonaccizahlen* handelt. Die sind ja so definiert: Es geht los mit 1,1, und die jeweils nächste Zahl ist die Summe der beiden vorhergehenden. Damit geht es so weiter:

$$1, 1, 2, 3, 5, 8, 13, 21, 34, 55, 89, \ldots$$

Und diese Zahlen haben die folgenden bemerkenswerten Eigenschaften:
- Das Produkt zweier nebeneinander stehender Zahlen unterscheidet sich nur um Eins vom Produkt der direkt danebenstehenden: $2 \cdot 3 = 1 \cdot 5 + 1; 3 \cdot 5 = 2 \cdot 8 - 1, 5 \cdot 8 = 3 \cdot 13 + 1, \ldots$
- Das Quadrat einer Fibonaccizahl ist plus oder minus Eins dem Produkt der benachbarten Zahlen:

$$2^2 = 1 \cdot 3 + 1; 3^2 = 2 \cdot 5 - 1; 5^2 = 3 \cdot 8 + 1, \ldots$$

Deswegen konnten sie hier gut verwendet werden.

2. Angenommen, wir haben zwei Zahlen a,x vorgelegt bekommen und dann zwei weitere Zahlen b,y so gefunden, dass $ab = xy + 1$ gilt. Wenn dann a und x einen Teiler p hätten, der größer als Eins ist, so wäre p auch ein Teiler von ab und xb, also auch von 1. Das geht aber offensichtlich nicht. Anders ausgedrückt: Solche Teiler kann es nicht geben, man sagt auch, dass a und x *teilerfremd* sind. Teilerfremde Zahlen sind zum Beispiel 33 und 14 oder 15 und 16, aber 8 und 12 sind es nicht (2 und 4 sind gemeinsame Teiler).

Bemerkenswerterweise gilt auch die Umkehrung der vorigen Überlegung: Wenn a und x teilerfremd sind, so kann man b,y mit $ab = xy + 1$ finden. Der Beweis würde uns etwas zu viel Zeit kosten.

Wie ist der Trick vorzubereiten? Auf den *Bildern im vorigen Abschnitt* finden Sie eine Reihe von Vorschlägen, wie ein für dieses Kunststück geeignetes «Dreieck» aussehen könnte. Wenn Sie den Abschnitt zur Mathematik gelesen haben, können Sie auch selbst kreativ werden: a, b, x, y mit $ab = xy + 1$ finden, das zu einer Approximation nutzen (etwa $a/x \approx y/b$) und dann das Rechteck mit den Kantenlängen x, y so zerlegen, dass nach Umsortieren der Teile das Rechteck mit den Kantenlängen a, b bis auf eine 1×1-Lücke gefüllt werden kann. Es empfiehlt sich, folgende Punkte zu beachten:

– Die Größe sollte der geplanten Aufführungssituation angepasst sein: Etwa von der Größenordnung einer DIN-A4-Seite bei einer Vorführung am Tisch und 60 bis 80 Zentimeter groß, wenn ein größeres Publikum zusehen wird.

– Es gibt viele Möglichkeiten, *wie* man die Teile der «Dreiecke» herstellt. Dicke Pappe sollte ausreichen, wenn wenige Aufführungen geplant sind. Ich selbst habe ein recht großes Exemplar aus Holz, das mit laminiertem bunten Papier beklebt ist (siehe nachstehendes Bild).

Ein unmögliches Dreieck für Vorführungen.

– Es empfiehlt sich, die Einzelteile mit unterschiedlichen Farben zu versehen. Dann kann man ihren Weg besser verfolgen. Ein Raster auf der Unterlage ist allerdings entbehrlich, da alle sehen, dass sich die Größe der Teile beim Umsortieren nicht ändert. (Anders ist es, wenn man nur Bilder verändert. Dann kann man sich durch Abzählen am Raster überzeugen, dass alles seine Richtigkeit hat.)

– Wie im vorigen Abschnitt sollten die a,b,x,y nicht zu groß und nicht zu klein gewählt werden. Bei großen Werten kann zwar die Approximation $a/x \approx y/b$ besser und besser werden, doch wird dann ein 1×1-Quadrat recht winzig aussehen. Auch ist zu bedenken, dass a/x und y/b Steigungen der Hypotenusen in unseren Dreiecken sind, und die sollten nicht zu klein und nicht zu groß werden. In Bild 2.1.5 sieht man ein *extremes Beispiel*, wie man es *nicht* machen sollte. Wir gehen aus von $6 \cdot 1 = 5 \cdot 1 + 1$ und dann zur Approximation $1/5 = 1/6 + 1/30 \approx 1/6$; das ist ein zulässiger Ausgangspunkt. Doch dann würde sich das abgebildete Beispiel ergeben, das für Vorführungen sicher nicht besonders gut geeignet ist.

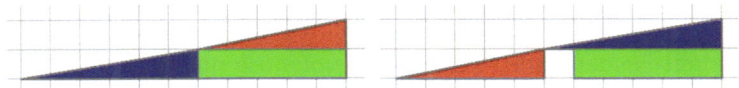

Bild 2.1.5: Eine ungünstige Wahl der Steigungen.

Was ist bei der Durchführung zu beachten? Die einfachste Version ist es natürlich, einen farbigen Ausdruck der beiden Dreiecke dabei zu haben und auf das Wunder hinzuweisen, dass sich beim Umsortieren eine Lücke ergibt. In diesem Fall ist ein Hintergrundraster dringend zu empfehlen, denn sonst könnten manche glauben, dass die Teilstücke beim Umsortieren ihre Größe verändert haben. Da können dann alle ins Grübeln kommen.

Wenn man die Einzelteile vorbereitet hat, kann das Publikum ja auch selbst tätig werden. Meine Erfahrung ist, dass das Geheimnis des Kunststücks in der Regel nicht entdeckt wird.

Und am ambitioniertesten ist es natürlich, eine kleine Geschichte dazu zu erzählen. Mehr dazu im nächsten Abschnitt.

Die Präsentation: Hier ist Kreativität gefordert. Es könnte zum Beispiel so gehen: Die Einzelteile des Dreicks liegen auf dem

Tisch und werden «vorgestellt». Sie repräsentieren etwa menschliche Eigenschaften (oder politische Parteien, Familienmitglieder, Klima, ...). Dann wird das (kleinere) Dreieck zusammengesetzt, und alles passt sehr harmonisch zusammen. Doch was passiert, wenn diese wunderbar harmonische Ordnung gestört wird? Die Teile werden umsortiert, und dadurch wird ein Loch gerissen!

Man kann auch ein kleines Extraquadrat (ein 1×1-Quadrat) in einer weiteren Farbe vorbereiten und dann so starten: Wieder wird das kleine Dreieck zusammengesetzt, für das Extraquadrat (weitere Eigenschaft, weitere Partei usw.) ist kein Platz. Durch Umsortieren kann dem aber abgeholfen werden.

Varianten: Bei uns kam die Illusion dadurch zustande, dass man ein «eingebeultes» Dreieck fast nicht von einem richtigen Dreieck unterscheiden kann, wenn die Hypotenuse nur einen winzigen Knick hat.

Es gibt aber auch andere Möglichkeiten, die auf dem Zaubermarkt gehandelt werden. Typisch ist die folgende Situation: Ein Rechteck mit den Kantenlängen a, b ist wie ein Puzzle mit etwa 8 bis 10 Einzelteilen ausgelegt. Daneben liegt ein weiteres Teilstück, das offensichtlich nicht mehr hineinpasst. Durch Umsortieren der Einzelteile gelingt es aber doch!

In Wirklichkeit kann das natürlich nicht gehen, denn wenn das Extrastück die Fläche F hat, so hat das Rechteck am Anfang die Größe ab, mit dem Teilstück ergibt sich aber die Größe $ab + F$. Das kann man ausgleichen. Man könnte zum Beispiel die Seitenlängen a, b um ein klitzekleines Stück x vergrößern, sodass man jetzt eine Fläche von $(a + x)(b + x)$ zur Verfügung hat. Man muss es nur so einrichten, dass $(a + x)(b + x) = ab + F$ ist. Das ist eine quadratische Gleichung für x, die wirklich durch ein kleines x gelöst wird, wenn F nicht zu groß ist. Dann muss man nur – ähnlich wie bei unserem Dreiecksproblem – eine passende Zerlegung in Einzelteile finden, sodass erstens das ab-Rechteck damit ausgelegt werden kann und zweitens nach Umsortieren unter zusätzlicher Verwendung von F ein $(a + x) \times (b + x)$-Rechteck entsteht. Wer so etwas erwerben möchte, wird unter dem Stichwort «Puzzle des Lebens» im Internet fündig werden.

Schlussbemerkung: Bei diesem Thema spielte es eine wichtige Rolle, dass der Flächeninhalt einer aus mehreren Stücken zusammengesetzen Fläche beim Umsortieren dieser Stücke erhalten bleibt. Das haben alle Zuschauerinnen und Zuschauer durch lange Lebenserfahrung verinnerlicht, und die Wirkung dieses Kunststücks beruht darauf, dass diese Erfahrung hier außer Kraft gesetzt zu sein scheint.

Das ist natürlich nur scheinbar so, wir mussten der Illusion ein bisschen nachhelfen, indem wir so getan haben, als ob ein «eingebeultes» Dreieck ein richtiges Dreieck sei.

Bemerkenswerterweise ist die ganze Wahrheit komplizierter. Die positive Botschaft: Wenn man sich auf «nicht zu komplizierte» Teilstücke beschränkt, so lässt sich nachweisen, dass sich die Gesamtfläche einer in Teile zerlegten Fläche, ebenso das Volumen eines in Teile zerlegten Körpers (und analog für höhere Dimensionen), beim Umsortieren der Einzelteile nicht verändert. Es ist also beweisbar so, wie wir es durch lebenslange Erfahrung gelernt haben. Wenn man allerdings *alle möglichen* Zerlegungen, also auch in «sehr zerfaserte» Teilstücke zulässt, stimmt das nicht mehr. Unter Mathematikern berühmt ist in diesem Zusammenhang das *Banach-Tarski-Paradoxon* von 1924. Es besagt: Man kann eine Vollkugel so in eine endliche Anzahl von Teilstücken zerlegen, dass nach Umsortieren *zwei* Kugeln mit dem gleichen Durchmesser entstehen. Auch Mathematiker haben damit Probleme, sich das wirklich vorzustellen …

2.2
Die Gozinta-Boxen

Das Zauberkunststück: Ist es möglich, dass von zwei Gegenständen der eine größer und gleichzeitig kleiner als der andere ist? In der Zauberei kann das vorkommen, hier ist der Beweis!

Der Zauberer präsentiert zwei etwa fünf Zentimeter große Kästchen, ein rotes und ein schwarzes (Bild 2.2.1).

Bild 2.2.1: Die Kästchen, geöffnet.

Sie sehen exakt gleich groß aus und werden zunächst geöffnet gezeigt. Dann werden sie geschlossen (Bild 2.2.2).

Bild 2.2.2: Die Kästchen, geschlossen.

So weit ist das noch nicht bemerkenswert, doch das, was danach passiert, durchaus: Das rote Kästchen wird nämlich noch einmal geöffnet, und das schwarze passt genau hinein, wie in Bild 2.2.3 gezeigt; es muss nur noch der rote Deckel über das schwarze Kästchen gesteckt werden. Waren doch nicht beide gleich groß?

Bild 2.2.3: Das schwarze Kästchen passt ins rote ...

Doch nun wird es mysteriös: Das schwarze Kästchen wird wieder herausgenommen und geöffnet, das rote zusammengesetzt und in des schwarze gesteckt (Bild 2.2.4). Und dann verschwindet das rote ganz im schwarzen.

Bild 2.2.4: ... und das rote ins schwarze.

Das kann es doch wohl nicht geben, dass «größer» und «kleiner» austauschbar sind!

Der mathematische Hintergrund: Der geometrische Hintergrund dieses Phänomens soll nun analysiert werden. Die Kästen sind unter Zauberern als *Gozinta-Boxen* bekannt. Es sei jetzt schon verraten, dass beide Kästchen exakt die gleichen Abmessungen haben. Die drei Seitenlängen (außen gemessen) bezeichnen wir mit a, b, c, wobei a die größere der Seiten a, b sein soll; in Bild 2.2.5 sind sie für den äußeren Teil des roten Kästchen eingezeichnet.

Bild 2.2.5: Die Bezeichnungen der drei Seiten des äußeren Kästchens.

Der innere Teil des roten Kästchens soll genau hineinpassen, seine Maße müssen deswegen so sein wie in Bild 2.2.6; dabei steht der Buchstabe d für die Wanddicke.

Bild 2.2.6: Die Außenmaße des inneren Kästchens.

In horizontaler Richtung wird das innere Kästchen von zwei Seiten des äußeren Kästchens begrenzt, deswegen muss bei a und

b jeweils $2d$ abgezogen werden. In vertikaler Richtung ist nur die Bodenfläche des äußeren Kästchens zu berücksichtigen, deswegen muss c nur um *ein d* verkleinert werden.

Und wie sind die Innenmaße? Horizontal sind noch einmal $2d$ für die Wandstärken und einmal d für den Boden abzuziehen: *Im* kleineren roten Kästchen ist also ein Platz der Größe $(a-4d) \times (b-4d) \times (c-2d)$.

Nun wollen wir das zusammengesetzte schwarze Kästchen – es hat ebenfalls die Außenmaße a, b, c – in das kleinere der beiden roten Teilkästchen schieben. Das könnte man *auf drei Weisen* versuchen, je nachdem, mit welcher Seite des schwarzen Kästchens man mit dem Hineinschieben beginnt: Mit einer Seite mit den Kantenlängen a und b? Oder mit einer mit den Kantenlängen a und c? Oder sollte man eine mit den Längen b und c nehmen?

Die Öffnung im roten Teilkästchen hat die Maße $a - 4d$ mal $b - 4d$, und deswegen kommt die erste Möglichkeit nicht infrage: Ein Rechteck mit den Seiten a, b passt da nicht hinein. Auch die zweite geht nicht, denn die Länge a passt ja weder in die $(a-4d)$- noch in die $(b-4d)$-Seite. (Wir hatten ja angenommen, dass b höchstens so groß wie a ist.)

Die einzige Chance gibt es für die dritte Möglichkeit: Ein $(b \times c)$-Rechteck soll in ein $(a-4d) \times (b-4d)$ großes Rechteck passen. Das kann klappen, wenn $a - 4d$ mindestens so groß wie b und $b - 4d$ mindestens so groß wie c ist. Wenn wir es so knapp wie möglich einrichten wollen, heißt das: Es muss $b = a - 4d$ und $c = b - 4d$ sein; wegen $b = a - 4d$ ist das gleichwertig zu $c = a - 8d$.

Wir schieben das schwarze Kästchen so weit wie möglich in das rote, es sieht dann aus wie in Bild 2.2.3, rechts. Er passt nicht ganz hinein, es fehlt die Länge $9d$: Bodendicke d plus die $8d$, die dem c-Stück an a fehlen.

Dann kommt das zweite rote Teilkästchen drüber, wir sind am Ziel (Bild 2.2.7).

Bild 2.2.7: Das rote Kästchen hat das schwarze (fast) aufgenommen.

Das zweite rote Teilkästchen kann nicht bis ganz nach unten heruntergeschoben werden, um zu einem Kästchen mit den ursprünglichen Abmessungen $a \times b \times c$ zu werden. Dann wäre die Illusion vollkommen!

Es bleibt etwas zu weit oben hängen, das fehlende Stück hat die Länge $9d$. Das ist aber – wenn d im Vergleich zu a sehr klein ist – so wenig, dass es den meisten nicht auffallen dürfte. Und auf die gleiche Weise kann das rote Kästchen (fast) im schwarzen verschwinden, denn die Abmessungen sind ja identisch.

Wir fassen unsere (noch theoretischen) Ergebnisse zusammen:
- Die Länge a ist im Wesentlichen frei. Bei den hier verwendeten Kästchen beträgt sie etwa 5 Zentimeter. Die Wanddicke d ist auch frei, sie sollte so klein wie möglich sein.
- Wenn man sich für a und d entschieden hat, sind die anderen Maße festgelegt, um einen optimalen Effekt zu erzielen: Es muss $b = a - 4d$ und $c = a - 9d$ sein.

Wie ist der Trick vorzubereiten? Natürlich braucht man für die Vorführung die Kästchen. Ich empfehle, sie zu kaufen, im Internet werden sie unter dem Namen «Gozinta-Box» für unter 5 Euro angeboten.

Ich habe aber auch schon einige selbstgebaute und viel größere gesehen. Wenn Sie auch aktiv werden wollen, so ist zu beachten, dass unsere Berechnungen *theoretisch* waren. Bei diesen Maßen wäre es schwierig bis unmöglich, die Kästchen ineinander zu schieben oder das eine im anderen verschwinden zu lassen. Es muss also immer ein kleiner Spalt zusätzlich vorgesehen werden, d. h. die Wandstärke d ist durch $d + L$ zu ersetzen, wobei L für die Breite eines Luftspalts steht.

Was ist bei der Durchführung zu beachten? Das ist fast zwangsläufig: Man zeigt zunächst die Einzelteile der Kästchen und dann die zusammengesetzten. Jeder kann sich davon überzeugen, dass sie identische Maße haben.

Dann die spektakuläre Vorführung: Zuerst verschwindet das eine im anderen, und danach ist es umgekehrt.

Es wäre ungünstig, die zusammengesetzten Kästchen von der Seite zu zeigen: Dann könnte deutlich werden, dass man die äußere Box nicht ganz zusammenschieben kann (Bild 2.2.8).

Besser ist es, wenn das Publikum die zusammengeschobenen Kästchen im Wesentlichen nur von oben sieht.

Bild 2.2.8: Das rote Kästchen lässt sich nicht ganz zusammenschieben.

Die Präsentation: In den Zeiten, als ich mehrfach mit diesen Kästchen gearbeitet habe, waren «rot» und «schwarz» wesentliche politische Einflussgrößen. So habe ich bei der Vorführung den Schwerpunkt gesetzt: Manchmal wird Rot von Schwarz dominiert, und manchmal ist es umgekehrt.

Varianten: Im Internet findet man einige Anregungen für Varianten, zum Beispiel den Einsatz von Schwammbällen. Darauf wird hier nicht eingegangen, weil es keine mathematischen Anknüpfungspunkte gibt.

3

Zauberhafte Rechnungen

Zauberer – und auch Mathematiker – können meiner Erfahrung nach nicht schneller oder zuverlässiger rechnen als viele andere. Man kann sich aber in gewissen Situationen die spezielle Struktur des Problems zunutze machen, um den Eindruck zu erwecken, nach intensivem Üben in den illustren Kreis der Schnellrechner aufgestiegen zu sein: Der Zauberer sieht sofort das Ergebnis (oder kennt es sogar von vorneherein), ein Zuschauer braucht eine Weile, um die erforderlichen Rechnungen durchzuführen.

Dazu werden hier zwei Beispiele präsentiert.

3.1
Der Zauberer als Schnellrechner

Das Zauberkunststück: Hier können Sie zeigen, dass Sie schneller rechnen, als es mit Computerhilfe möglich ist. Bevor Ihre Mitspieler auch nur die Aufgabenstellung über die Tastatur eingegeben haben, können Sie schon das Ergebnis angeben.

Und hier ist das Kunststück: Irgendjemand erzeugt aus einem Riesenvorrat von Möglichkeiten eine Additionsaufgabe. Sie schauen kurz drauf und können sofort die Summe aufschreiben. In einer Variante ist es sogar noch spektakulärer: Da sehen Sie nicht einmal die Aufgabe, sondern müssen sie durch Gedankenkraft selbst in Ihrem Kopf erzeugen.

Der mathematische Hintergrund: In diesem Fall ist es sinnvoll, zuerst über die Mathematik zu sprechen, andernfalls wären Vorbereitung und Durchführung schwer verständlich. Wer das überspringen möchte, kann natürlich zum Abschnitt «Vorbereitung» weiterblättern.

Zunächst erinnern wir uns daran, dass wir vor vielen Jahren gelernt haben, wie man mehrstellige Zahlen addiert. Die meisten haben es inzwischen vergessen, denn heute kann man es an elektronische Rechner delegieren.

Es ging doch so (siehe Bild 3.1.1):

	4	5	2
	3	0	7
	4	5	9
	3	1	5
	2	2	7

	4	5	2
	3	0	7
	4	5	9
	3	1	5
	2	2	7
		3	
			0

	4	5	2
	3	0	7
	4	5	9
	3	1	5
	2	2	7
	1	3	
		6	0

	4	5	2
	3	0	7
	4	5	9
	3	1	5
	2	2	7
1	1	3	
	7	6	0

	4	5	2
	3	0	7
	4	5	9
	3	1	5
	2	2	7
1	1	3	
1	7	6	0

Bild 3.1.1: Berechnung einer Summe: ganz allein.

Die Additionsaufgabe steht im Bild ganz links. Man fängt mit der Spalte ganz rechts an und addiert die dort stehenden Ziffern. Es kommt 30 heraus. Man notiert unten die 0 als rechte Ziffer der zu berechnenden Summe und merkt sich die 3 als Übertrag. So ist das im Bild als zweites «Türmchen» zu sehen. Dann addiert man zu dieser 3 die Ziffern der zweiten Spalte von rechts, im Beispiel erhalten wir 16. Die 6 wird notiert, die 1 ist der Übertrag («Türmchen» Nummer 3). So arbeitet man sich bis nach vorn durch, der letzte Übertrag wird ganz nach vorn geschrieben (das verdeutlichen die weiteren Türmchen im Bild).

Das kann recht zeitaufwendig sein! Wenn ein netter Mensch allerdings schon den Einer der Spaltensumme und den Übertrag in einer vorbereitenden Rechnung ermittelt und für uns notiert hätte, würde es viel schneller gehen. Für das vorstehende Beispiel würden wir es etwa so sehen wie in Bild 3.1.2 links (Ü3, E0 ist die Abkürzung für «Übertrag 3, Einer 0», usw.):

	4	5	2		4	5	2		2	5	4		2	5	4
	3	0	7		3	0	7		7	0	3		7	0	3
	4	5	9		4	5	9		9	5	4		9	5	4
	3	1	5		3	1	5		5	1	3		5	1	3
	2	2	7		2	2	7		7	2	2		7	2	2
	Ü1 E6	Ü1 E3	Ü3 E0		Ü1 E6	Ü1 E3	Ü3 E0		Ü3 E0	Ü1 E3	Ü1 E6		Ü3 E0	Ü1 E3	Ü1 E6
				1	7	6	0					3	1	4	6

Bild 3.1.2: Berechnung einer Summe: mit Hilfsinformationen.

Wir können das Ergebnis schnell hinschreiben: rechts der rechts stehende Einer, links daneben der Übertrag der letzten Spalte plus Einer der vorletzten Spalte. Links daneben wiederum der Übertrag der vorletzten Spalte plus Einer der drittletzten Spalte, ganz vorne der Übertrag der drittletzten Spalte. Das haben wir im Bild im zweiten «Türmchen» ausgeführt.

Zwei Dinge sind zu bemerken. Erstens kann dieses Verfahren nur dann so einfach angewendet werden, wenn jeweils «Einer einer Spalte plus Übertrag der Spalte rechts daneben» höchstens gleich 9 ist, andernfalls ergäbe sich ein komplizierterer Übertrag. Und zweitens – das wird für uns wichtig werden – ist diese Vorbereitung nur von den Spalten, nicht aber von ihrer Reihenfolge abhängig.

Wenn also morgen die Summe wie im dritten «Türmchen» in Bild 3.1.2 zu berechnen wäre (da wurden nur die Spalten vertauscht), können wir die gleiche Vorbereitung nutzen und das Ergebnis wieder sofort hinschreiben (im Bild rechts). Und auch wenn es nicht nur drei, sondern vier oder noch mehr vorbereitete Spalten wären, könnte man das Ergebnis sofort notieren!

Das ist alles richtig, trotzdem dürfte die Idee für eine Schnellrechner-Demonstration nicht gut zu nutzen sein, denn alle sehen ja die notierten Informationen «Übertrag und Einer». Hier helfen *zwei Ideen* weiter.

Man denkt sich ja die Ziffernspalten, die später zu Additionsaufgaben führen, selbst aus. Und da kann man
– es erstens so einrichten, dass der Übertrag immer derselbe ist, etwa immer gleich 2 oder immer gleich 3. Dann muss man ihn ja nicht auf jeder Spalte noch einmal aufschreiben.
– und zweitens dafür sorgen, dass der Einer der Ziffernsumme auf mehr oder weniger raffinierte Weise in den Ziffern selbst verschlüsselt ist. Hier werden *vier Möglichkeiten* dafür vorgeschlagen. In allen Spalten ist der Übertrag jeweils gleich zwei.
Erste Möglichkeit. Recht einfach. (Siehe die drei Spalten im linken Beispiel in Bild 3.1.3.) Der Einer der Zeilensumme ist stets die zweite Ziffer von oben. Dann ist die Gesamtsumme nach folgender *Regel* zu bilden:

Schreibe ganz links eine Zwei hin. Dann die um 2 erhöhten Ziffern der jeweils zweiten Ziffern, am Ende aber die zweite Ziffer der Spalte selber. Im Beispiel kann also die Summe sofort als 2481 angegeben werden.

3	8	9	8	7	3	3	1	7
2	6	1	4	7	1	6	4	4
9	4	2	4	1	9	5	6	7
4	2	5	7	6	3	7	3	1
4	6	4	2	5	4	4	9	8

Bild 3.1.3: Je drei Spalten für die Möglichkeiten 1, 2, und 3.

Zweite Möglichkeit. Etwas trickreicher. (Siehe das mittlere Beispiel in Bild 3.1.3.) Der Einer der Zeilensumme ist stets die um Eins erhöhte zweite Ziffer von oben. Diesmal lautet die *Regel*:

Schreibe ganz links eine Zwei hin. Dann die um 1 erhöhten Ziffern der jeweils zweiten Ziffern, am Ende aber die um 1 erniedrigte Ziffer der Spalte selber. Im Beispiel ergibt die «Rechnung» sofort 2580.

Dritte Möglichkeit. Eine weitere Variante. (Siehe das rechte Beispiel in Bild 3.1.3.) Diesmal werden die Ziffern verschiedenfarbig geschrieben. Der Einer der Zeilensumme ist stets die blaue Ziffer der jeweiligen Spalte. Die *Regel* lautet dann:

Schreibe ganz links eine Zwei hin. Dann die um 2 erhöhten Ziffern der jeweils blauen Ziffern, am Ende aber die blaue Ziffer der Spalte selber. Damit erhalten wir als Summe sofort 2757.

Vierte Möglichkeit. Ganz besonders trickreich. Diesmal steht die relevante Information auf der *Rückseite* der Spalte! Dazu führen wir eine Bezeichnungsweise ein: Zwei Ziffernspalten heißen *Partnerspalten*, wenn
– erstens die Summen der Ziffern jeweils zwischen 20 und 27 liegen;
– zweitens der Einer der einen Summe gleich der zweiten Ziffer der anderen Spalte ist und umgekehrt.
Beispiele für Partnerspalten sieht man in Bild 3.1.4 (ein Partner rot, der andere blau).

8	7		9	8		8	6
6	3		3	6		2	5
7	4		5	4		9	8
1	6		5	2		1	2
1	6		4	3		5	1

Bild 3.1.4: Drei Beispiele für Partnerspalten.

Wenn man dann Partnerspalten Rücken an Rücken aneinanderklebt, kann man sozusagen «um die Ecke» sehen. Genaueres findet man weiter unten.

Wie ist der Trick vorzubereiten? Je nachdem, für welche der oben beschriebenen Möglichkeiten man sich entscheidet, sind unterschiedliche Vorbereitungen zu treffen.

Bei *Möglichkeit 1* sind mehrere (mindestens etwa 10) Spalten herzustellen, die der Bedingung «Summe der Ziffern liegt zwischen 20 und 27, die zweite Ziffer ist der Einer der Summe» genügen. Einige Beispiele haben wir in Bild 3.1.3 (die linken drei Spalten) schon kennengelernt.

Dann: In der gewünschten Größe ausdrucken, Spalten ausschneiden und evtl. laminieren.

Für den Einsatz von *Möglichkeit 2* sind mehrere (mindestens etwa 10) Spalten herzustellen, die der Bedingung «Summe der Ziffern liegt zwischen 21 und 28, die zweite Ziffer ist der Einer der um Eins verminderten Summe» genügen. Einige Beispiele findet man schon in den mittleren Spalten von Bild 3.1.3.

Dann: In der gewünschten Größe ausdrucken, Spalten ausschneiden und evtl. laminieren.

Soll es *Möglichkeit 3* sein, so sind mehrere (mindestens etwa 10) Spalten herzustellen, die der Bedingung «Die Ziffern sind verschiedenfarbig, die Summe der Ziffern liegt zwischen 20 und 27, die einzige blaue Ziffer der Spalte ist der Einer der Summe» genügen (für Beispiele siehe Bild 3.1.3, die rechten drei Spalten).

Dann: In der gewünschten Größe ausdrucken, Spalten ausschneiden und evtl. laminieren.

Und wagt man sich schließlich an *Möglichkeit 4* heran, so sind mehrere (mindestens etwa 10) Paare von Partnerspalten herzustellen. Die Bedingung lautet also: «Erstens liegen die Spaltensummen jeweils zwischen 20 und 27, zweitens ist der Einer der einen Summe gleich der zweiten Ziffer der anderen Spalte, und drittens gilt das umgekehrt auch». (Für einige Beispiele siehe Bild 3.1.5.)

Dann: In der gewünschten Größe ausdrucken, Spalten ausschneiden, Partnerspalten Rücken an Rücken aneinanderkleben und evtl. laminieren. Außerdem müssen wir noch eine Möglichkeit vorbereiten, mehrere Spalten senkrecht aufzustellen. Es empfiehlt sich ein Holzbrettchen mit einem Schlitz, etwa so wie in Bild 3.1.5: Da haben wir die oben vorgeschlagenen Partnerspalten verwendet.

Und dann kann es losgehen.

Was ist bei der Durchführung zu beachten? Wenn Sie sich für eine der ersten drei Möglichkeiten entschieden haben, ist der Ablauf der folgende. Sie präsentieren Ihre vorbereiteten Ziffernspalten der Zuschauerin und wenden sich ab. Sie soll sich drei der Spalten

Bild 3.1.5: Drei ausgewählte Partnerspalten, von vorn und von hinten gesehen.

aussuchen und nebeneinanderlegen. Sie kommen dazu, erläutern, dass das als Summationsaufgabe aufgefasst werden soll und notieren blitzschnell das Ergebnis auf einem Zettel, der umgedreht auf den Tisch kommt. Die Zuschauerin rechnet mit einem Taschenrechner nach, und – siehe da – sie kommt zu dem Ergebnis, das mit dem auf dem Zettel notierten übereinstimmt.

Wenn Sie die noch spektakulärere Möglichkeit 4 anwenden wollen, zeigen Sie den Vorrat der Partnerkarten und gehen beiseite. Sie soll drei davon in die vorbereitete Halterung stecken. Sie nähern sich von der einen Seite der aufrecht stehenden Spalten, die Zuschauerin steht auf der anderen. Sie soll sich auf die Zahlen konzentrieren und Ihnen durch Gedankenkraft mitteilen. Sie notieren dann recht schnell das Ergebnis der Summation.

Dabei ist folgende Regel zu beachten: Ganz links kommt eine 2 hin. Danach die um 2 erhöhte Ziffer der zweiten Ziffer der letzten Spalte, dann die um 2 erhöhte zweite Ziffer vorletzten Spalte usw. Die zweite Ziffer der ersten Spalte steht am Schluss, sie wird nicht erhöht. (Man beachte: Da wir die Summationsaufgabe *von hinten* sehen, ist die Reihenfolge, mit der wir das Ergebnis erhalten, eine andere als bei den vorigen Rechnungen.) Die Zuschauerin rechnet mit Computerhilfe nach: Es wird dasselbe Ergebnis herauskommen!

Für ein Beispiel betrachten wir die Auswahl im vorigen Bild. Der Zauberer sieht nur die rechten Spalten (die Rückseite) und kann trotzdem das Ergebnis der Summation auf der Vorderseite sofort hinschreiben: 2483. Wäre es umgekehrt gewesen (Vorder- und Rückseite vertauscht), hätte er als Summe 2855 angegeben.

Es empfiehlt sich, alle Rechnungen mit Computerhilfe durchzuführen und von einem oder mehreren Zuschauern begleiten zu lassen, da Eingabefehler die Pointe verpuffen lassen würden.

Die Präsentation: Es bietet sich an, vorbereitend zu berichten, dass Sie sich intensiv mit Schnellrechnen (und evtl. auch mit Gedankenübertragung) beschäftigt haben und das nun demonstrieren wollen. Bei Möglichkeit 4 sollten Sie die «Übertragung der Zahlen durch Gedankenkraft» recht dramatisch darstellen.

Varianten: Je nach Publikum kann man sich einfachere oder schwierigere Rechenaufgaben stellen lassen. Auch wenn man, zum Beispiel, fünf Ziffernspalten aussuchen lässt, ist die Lösung der Summationsaufgabe sofort hinzuschreiben. Auch mehr als 5 Ziffern pro Spalte sind möglich. Bei 7 Ziffern sollte man es allerdings so einrichten, dass die Spaltensumme zwischen 30 und 36 liegt, denn sonst kann man nur kleine Ziffern verwenden.

3.2
Das Ergebnis wird vorausgesagt

Das Zauberkunststück: Die Zauberin kündigt an, dass sie durch Gedankenkraft die Wahlen eines Zuschauers beeinflussen wird. Ein Freiwilliger kommt auf die Bühne, sie schaut ihm tief in die Augen: Von dem, was sie sieht, wird ihre Prognose abhängen. Die schreibt sie auf ein Blatt Papier, und das legt sie verdeckt auf den Tisch.

Nun geht es los. Die Zauberin präsentiert eine Reihe von Zahlen, der Zuschauer soll einige davon auswählen. Es gibt sehr viele Möglichkeiten, das zu tun, aber durch Gedankenkraft wird der Zuschauer dahin geleitet, ganz spezielle auszuwählen.

Mit diesen ausgewählten Zahlen folgt eine kleine Rechnung, und es zeigt sich, dass das Endergebnis mit der Prognose übereinstimmt.

Der mathematische Hintergrund: Dieses Kunststück beruht auf einem besonders interessanten mathematischen Sachverhalt. Es handelt sich um ein Ergebnis, das vor einigen Jahrzehnten in der damaligen Sowjetunion eine Aufgabe in einem Schülerwettbewerb war («Proizvolov's theorem»).

Es geht um Folgendes. Gegeben sind eine gerade Anzahl von Zahlen, die aufsteigend geordnet sind. Zur Erläuterung des Prinzips konzentrieren wir uns auf den Fall von 10 Zahlen, und wir werden in unserem Beispiel mit den Zahlen

2 4 5 7 8 11 13 15 17 22

arbeiten.

Nun wählt ein Zuschauer fünf davon aus. Wir wollen das dadurch andeuten, dass die ausgewählten Zahlen unterstrichen sind. Man könnte an dieser Stelle darauf hinweisen, dass die Anzahl der Auswahlmöglichkeiten recht groß ist, nämlich $10 \cdot 9 \cdot 8 \cdot 7 \cdot 6/5 \cdot 4 \cdot 3 \cdot 2 \cdot 1 = 252$. Wir nehmen einmal an, dass sich der Zuschauer für die folgende Auswahl entschieden hat:

$$2 \quad \underline{4} \quad 5 \quad 7 \quad \underline{8} \quad \underline{11} \quad 13 \quad 15 \quad \underline{17} \quad \underline{22}$$

Weiter geht es dann so: Die nicht unterstrichenen Zahlen werden den unterstrichenen zugeordnet. Die größte nicht unterstrichene Zahl kommt unter die kleinste unterstrichene, dann die zweitgrößte nicht unterstrichene Zahl unter die zweite unterstrichene, usw. Es wird ja bestimmt aufgehen, da 5 Zahlen unterstrichen sind und auch noch 5 Zahlen übrig waren. In unserem Beispiel sähe es so aus:

$$\underline{4} \qquad \underline{8} \quad \underline{11} \qquad \underline{17} \quad \underline{22}$$
$$15 \qquad 13 \quad 7 \qquad 5 \quad 2$$

Nun das Finale. Für jedes der fünf Zahlenpaare wird der Abstand der beiden Zahlen berechnet. Ganz links etwa steht die 4 über der 15 (Abstand 11). Weiter geht es mit 8 über 13 (Abstand 5), 11 über 7 (Abstand 4), 17 über 5 (Abstand 12) und schließlich 22 über 2 (Abstand 20). Wenn man die Abstände zusammenzählt, ergibt sich $11 + 5 + 4 + 12 + 20 = 52$.

Die überraschende Tatsache: Unabhängig von der Wahl des Zuschauers ist diese Abstandssumme gleich der folgenden Zahl: (Summe der letzten fünf Zahlen) minus (Summe der ersten fünf Zahlen). Wir wollen das für das Beispiel nachrechnen: Die Summe der fünf kleineren Zahlen ist $2 + 4 + 5 + 7 + 8 = 26$; und die Summe der fünf größeren ist $11 + 13 + 15 + 17 + 22 = 78$. Die Differenz ist wirklich $78 - 26 = 52$. Und das hat die Zauberin vorher ausgerechnet und als Prognose auf ihren Zettel geschrieben.

Es würde nun Bücher füllen, wollte man das Ergebnis für alle möglichen Zahlenauswahlen gesondert formulieren. Viel einfacher ist es, sich der in der Mathematik üblichen Symbolsprache zu bedienen. Dann liest sich der Sachverhalt so:

> Gegeben sind eine Zahl n sowie n Zahlen $a_1, a_2, \ldots, a_n$ sowie n weitere Zahlen $b_1, b_2, \ldots, b_n$. Wir verlangen, dass sie der Größe nach geordent sind:
>
> $$a_1 < a_2 < \ldots < a_n < b_1 < b_2 < \ldots < b_n.$$
>
> Und dann gilt: Man unterstreiche n dieser $2n$ Zahlen ganz beliebig und schreibe die nicht unterstrichenen darunter: Die größte nicht unterstrichene unter die kleinste unterstrichene, dann die zweitgrößte nicht unterstrichene unter die zweite unterstrichene, und so weiter. Dann ist die Summe der Abstände zwischen den zwei Zahlen dieser Zahlenpaare gleich
>
> $$(b_1 + b_2 + \ldots + b_n) - (a_1 + a_2 + \ldots + a_n).$$

Ein Spezialfall verdient es, hervorgehoben zu werden. Wenn nämlich die $2n$ vorgegebenen Zahlen gerade die ersten $2n$ Zahlen sind, also 1, 2, 3, ..., $2n$, so ist die Differenz (Summe der b's) minus (Summe der a's) exakt gleich n^2. Startet man also etwa mit 1, 2, 3, 4, 5, 6, 7, 8, so wird $4^2 = 16$ herauskommen, und nimmt man die Zahlen 1, 2, 3, 4, 5, 6, 7, 8, 9, 10 als Ausgangspunkt, ist $5^2 = 25$ zu erwarten. Das folgt recht schnell aus der Formel $1 + 2 + \ldots + k = k(k+1)/2$. (Die wurde angeblich intuitiv auch schon von dem Grundschüler Carl Friedrich Gauß gefunden, als der Lehrer seine Ruhe haben wollte und die Schüler die Summe der ersten 100 Zahlen ausrechnen sollten. Gauß beobachtete, dass man

1 + 2 + ... + 100 nach Umsortieren auch als (1 + 100) + (2 + 99) + ... + (50 + 51) schreiben kann. Das sind 50 Summanden der Größe 101, und deswegen lautet das Ergebnis 50 · 101 = 5050.)

Wenn man das hier anwendet, ergibt sich: Die kleineren n Zahlen haben als Summe $1 + 2 + ... + n = n(n+1)/2$, und bei den größeren n Zahlen ist jede Zahl um n größer als die aus der kleineren Abteilung, die n Zahlen davor liegt. Die Summe wird also um $n \cdot n$ mal größer sein als bei den kleineren Zahlen und folglich ist (Summe größere) minus (Summe kleinere) gleich

$$n^2 + n(n+1)/2 - n(n+1)/2 = n^2.$$

Es ist übrigens nicht allzu schwer, sich von der Gültigkeit des Ergebnisses zu überzeugen. Schlüssel zum Verständnis ist die folgende Beobachtung: Bei den untereinanderstehenden Zahlenpärchen ist *immer* die eine Zahl aus der größeren und die andere aus der kleineren Hälfte. Dass das in unserem Beispiel stimmt, kann man weiter oben leicht nachprüfen.

Um das einzusehen, betrachten wir in unserem Beispiel drei Fälle, die beim Unterstreichen hätten auftreten können:
Fall 1: Der Zuschauer hat die fünf kleineren Zahlen unterstrichen. Dann kommen die nicht unterstrichenen in umgekehrter Reihenfolge darunter, es entstehen folglich nur Groß-klein-Pärchen.
Fall 2: Der Zuschauer hat die fünf größeren Zahlen unterstrichen. Dann kommen die unterstrichenen in umgekehrter Reihenfolge darunter, es entstehen also wieder nur Groß-klein-Pärchen.
Fall 3: Unter den fünf unterstrichenen Zahlen sind sowohl einige aus der großen und einige aus der kleinen Abteilung. Notwendig gibt es dann in beiden Hälften unterstrichene und nicht unterstrichene Zahlen. Als Erstes wird doch die größte nicht unterstrichene Zahl (notwendig eine aus der Hälfte der größeren Zahlen)

unter die kleinste der unterstrichenen (garantiert in der Gruppe der kleineren Zahlen) geschrieben. Kurz: *Ein* Groß-klein-Pärchen kann schon einmal garantiert werden. Wir streichen in Gedanken die Zahlen dieses Pärchens.

Übrig bleiben acht Zahlen, von denen vier unterstrichen sind. Wenn wir dann dieselbe Überlegung noch einmal anstellen, muss es auch da mindestens ein Groß-klein-Pärchen geben. Auf diese Weise arbeiten wir uns zu immer weniger Zahlen vor, bis am Ende klar ist, dass es immer wieder Groß-klein-Pärchen sind.

Der Rest ist einfach: Wenn x, y ein Groß-klein-Pärchen ist, so ist der Abstand «größere der Zahlen minus kleinere». Die Summe über alle Abstände ist folglich «Summe über alle größeren minus Summe über alle kleineren».

Wie ist der Trick vorzubereiten? Auf jeden Fall sind Papier und Bleistift bereitzuhalten. Für die einfachste Variante (aufeinanderfolgende Zahlen) reicht das schon. Die Zahlen 1 2 3 4 5 6 7 8 9 10 kann man ja auch vor dem Publikum aufschreiben.

Etwas mehr ist zu tun, wenn man – wie im obigen Beispiel – allgemeinere Zahlen wählt: eine gerade Anzahl, aufsteigend geordnet. Dann muss man vorher die Summe der Zahlen in der oberen Hälfte und die Summe für die untere Summe ausrechnen, die Differenz bestimmen und das irgendwo als Prognose deponieren.

Es ist natürlich auch attraktiv, durch Wahl der Zahlen eine ganz bestimmte Differenz «Summe der oberen Hälte minus Summe der unteren Hälfte» zu erhalten, etwa bei der Vorführung zu einem Geburtstag das Alter der Jubilarin oder bei einem Firmenjubiläum.

Und alles ist in einer für die Aufführung geeigneten Größe aufzuschreiben, vom kleinen Zettel, wenn man die Wartezeit auf das Essen mit Freunden im Restaurant durch ein Zauberkunststück überbrücken möchte, bis zu einem DIN-A2-Ausdruck bei einem größeren Familienfest.

Was ist bei der Durchführung zu beachten? Die Durchführung wurde schon vorher geschildert: Zahlen präsentieren, Kandidat(in) auf mentale Beeinflussung hin einordnen, Prognose abgeben, die Hälfte der Zahlen unterstreichen (oder umkreisen) lassen, die restlichen in umgekehrter Reihenfolge darunter schreiben, Summe der Pärchendifferenzen ausrechnen lassen.

Es folgen zwei Beispiele:

Beispiel 1: Die Zahlen von 1 bis 10 sind aufgeschrieben, der Zuschauer wird eingeschätzt: Die heimlich abgegebene Prognose lautet 25 (siehe oben):

1 2 3 4 5 6 7 8 9 10

Nun werden einige Zahlen unterstrichen, etwa so:

1 2 <u>3</u> <u>4</u> 5 <u>6</u> 7 8 <u>9</u> <u>10</u>

Die nicht unterstrichenen werden in umgekehrter Reihenfolge unter die unterstrichenen geschrieben:

<u>**3 4**</u>   <u>**6**</u>   <u>**9 10**</u>
8 7   **5**   **2 1**

Die Summe der Abstände dieser fünf Zahlenpärchen stimmt mit der Prognose überein: 25.

Beispiel 2: Die folgenden Zahlen sind für die Feier eines 52. Geburtstags vorbereitet:

2 4 5 7 8 11 13 15 17 22

Die Jubilarin unterstreicht 5 dieser 10 Zahlen:

2 <u>4</u> 5 7 <u>8</u> <u>11</u> 13 15 <u>17</u> <u>22</u>

Und dann das Übliche: Invertiert untereinanderschreiben und Abstandssumme ausrechnen:

4		**8**	**11**		**17**	**22**
15		13	7		5	2

Wirklich stimmt die Summe der Abstände $11 + 5 + 4 + 12 + 20 = 52$ mit (Summe der größeren 5 Zahlen) minus (Summe der kleineren 5 Zahlen) $= 78 - 26 = 52$ überein.

Die Präsentation: Das Wichtigste wurde schon in der Einleitung zu diesem Kunststück erwähnt: Tief in die Augen schauen, Prognose aufschreiben, mentale Beeinflussung während der Zahlenauswahl vorspielen. Der Rest ist ein Selbstläufer.

Varianten: Bisher hatten wir alle Zahlen vorgegeben. Man kann dem Zuschauer eine scheinbar eigene Wahl lassen, dadurch wird die Wirkung noch erhöht. Angenommen, es soll ein 41. Geburtstag gefeiert werden. Wir bereiten eine gerade Anzahl von vier Zahlen in aufsteigender Reihenfolge so vor, dass «(Summe der größeren beiden Zahlen) minus (Summe der kleineren beiden Zahlen)» gleich 38 ist und – wenn wir die kleineren Zahlen nach links und die größeren beiden nach rechts schreiben – in der Mitte eine Lücke bleibt. Hier eine Realisierung, wobei wir in der Mitte eine Lücke lassen, die für zwei weitere Zahlen reicht:

5   10   25   28

Der Zuschauer soll «in Gedanken» würfeln, so viele Punkte von der 25 abziehen und das Ergebnis links neben die 25 schreiben. Der Zauberer würfelt scheinbar ebenfalls «in Gedanken», es muss aber eine 3 sein. Die zieht er von der eben aufgeschriebenen Zuschauerzahl ab und schreibt sie in die letzte Lücke. Mal angenommen, beim Zuschauer wurde «in Gedanken» eine 5 erzeugt. Er schreibt dann 25 − 5 = 20 auf, und der Zauberer schreibt 20 − 3 = 17 daneben. Auf diese Weise ist Summe der drei größeren minus Summe der drei kleineren Zahlen um 3 größer als 38, also – wie beabsichtigt – gleich 41. Dann sähe es so aus:

5   10   17   20   25   28

Beachte: Im Extremfall könnte der Zuschauer eine 6 würfeln. Wenn dann der Zauberer 3 noch einmal abzieht, sind das insgesamt 9. So groß sollte der Abstand der Zahlen links und rechts von der Lücke also mindestens sein.

Nun das Übliche: zunächst die Hälfte der Zahlen unterstreichen lassen

5   <u>10</u>   17   <u>20</u>   <u>25</u>   28

und schließlich die Aktion «untereinanderschreiben und Summe der Abstände berechnen».

<u>10</u>   <u>20</u> <u>25</u>
28   17   5

Hurra: Wirklich kommt 41 heraus.

4

Zaubern mit Primzahlen

Wir lernen nun zwei Kunststücke kennen, die auf Eigenschaften von Primzahlen beruhen. Zur Erinnerung: Das sind Zahlen, die nur zwei Teiler haben, nämlich die Zahl 1 und sich selbst. 1 zählt nicht als Primzahl, die ersten Beispiele sind 2, 3, 5, 7, 11, 13, …

Diese Zahlen übten schon in der Antike eine große Faszination auf die Mathematiker aus. Von Euklid stammt das Ergebnis, dass die Reihe der Primzahlen niemals abbricht. Die größten derzeit bekannten Primzahlen haben mehrere Millionen Stellen.

Eine ziemlich moderne Anwendung von Primzahleigenschaften findet man in der *Kryptographie*, der Wissenschaft vom Verschlüsseln geheimer Nachrichten. Sie spielt eine wesentliche Rolle für die Abhörsicherheit von Daten im Internet oder beim Telefonieren. Da reicht es allerdings, sich mit Primzahlen auseinanderzusetzen, die «nur» einige Hundert Stellen haben.

Die Sicherheit der Methode beruht darauf, dass niemand in der Lage ist, bei einem Produkt von großen Primzahlen die Faktoren herauszubekommen. Dass 77 das Produkt der Primzahlen 7 und 11 ist, ist sofort zu sehen, doch was ist mit dem Produkt

18386562743669164920983488353871068260003 ?

Computer würden die beiden 20-stelligen Primzahlfaktoren

23409817834676765813 und 78542100897655446631

in diesem Fall herausbekommen, doch bei den in der Kryptographie verwendeten Riesen-Primzahlen mit vielen hundert Stellen gibt es mit den bisher bekannten Verfahren keine Chance, aus der Kenntnis des Produkts die Faktoren zu rekonstruieren.

Unsere Kunststücke nutzen verschiedene Eigenschaften von Primzahlen aus. Die Idee beim ersten: Wenn man sich eine Uhr vorstellt, bei der die Anzahl der Stunden eine Primzahl p ist, sich eine Zahl $k < p$ sucht, irgendwo auf dem Ziffernblatt startet und dann immer k Stunden weitergeht, so werden nach und nach alle Ziffern besucht.

Und beim zweiten: Die Binomialkoeffizienten $\binom{n}{k}$ geben doch an, wie viele k-elementige Teilmengen man in einer n-elementigen Menge finden kann. Und wenn n eine Primzahl ist, sind alle diese Zahlen (bis auf die Fälle $k = 0$ und $k = n$) durch p teilbar.

4.1
Die gewählte Karte kommt zuletzt

Das Zauberkunststück: Der Zauberer bietet ein Gewinnspiel an, bei dem eine Zuschauerin 10 Euro gewinnen kann.

Das Spiel geht so. Der Zauberer zeigt sieben Karten (Bild 4.1.1), die Zuschauerin sucht sich eine aus: Es soll der Joker sein.

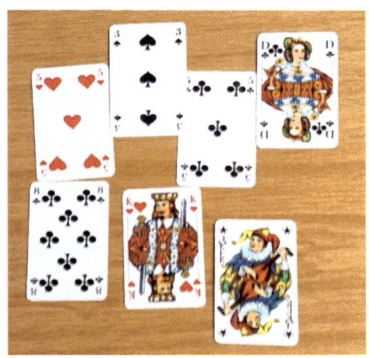

Bild 4.1.1: Die Auswahl.

Dann wird die gewählte Karte vom Zauberer irgendwo zwischen die anderen Karten geschoben. Damit das die Zuschauerin nicht sieht, geschieht das unter dem Tisch. Der Stapel kommt wieder nach oben und wird bildunten vom Zauberer gehalten.

Die Zuschauerin soll sich nun eine Glückszahl zwischen zwei und sechs aussuchen, sie wählt die Drei. Der Zauberer zählt drei Karten einzeln unter den Stapel; dabei wird die dritte bildoben gedreht, bevor sie nach unten gelegt wird. Wenn das die von der Zuschauerin gewählte Karte gewesen wäre, hätte sie 10 Euro gewonnen, aber es ist eine ganz andere (Bild 4.1.2).

Bild 4.1.2: Pech im ersten Versuch.

Die Zuschauerin bekommt eine zweite Chance. Noch einmal werden drei Karten unter den Stapel gezählt, die letzte wird wieder gedreht. Wieder nichts!

Da der Zauberer ein weiches Herz hat, darf die Zuschauerin noch ein drittes Mal auf ihr Glück hoffen: drei Karten nach unten, dabei die letzte umdrehen. Doch es ist wie verhext, *ihre* Karte ist bisher nicht umgedreht worden.

Das geht so lange weiter, bis nur noch eine einzige Karte nicht umgedreht ist (Bild 4.1.3): Das ist natürlich die Karte der Zuschauerin.

Bild 4.1.3: Pech bei allen Versuchen.

Das ist klar, und deswegen kann es dafür natürlich keinen Preis geben.

Der mathematische Hintergrund: Wie schon in der Einleitung zu diesen Primzahlkunststücken bemerkt, wird eine ganz spezielle Eigenschaft von Primzahlen wichtig, und deswegen hat der Zauberer auch sieben (und nicht sechs oder acht) Karten.

Um diese Eigenschaft zu illustrieren, betrachten wir «Spaziergänge» des folgenden Typs. n ist eine gegebene Zahl, und wir ordnen n blaue Felder kreisförmig wie eine Uhr an (vgl. Bild 4.1.4). Dabei soll ein Feld ganz oben sein, das ist unser «Startfeld». Es ist schon rot gefärbt.

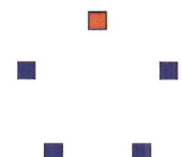

Bild 4.1.4: Der Beginn des Spaziergangs.

Wir fixieren eine Zahl r, die kleiner als n ist und spazieren dann los: Immer r Felder im Uhrzeigersinn, und das Feld, das wir als nächstes erreichen, wird auch rot gefärbt. Für $n = 7$ und $r = 3$ sieht man das in Bild 4.1.5. Wenn wir dem oberen Feld die 7 zuordnen und

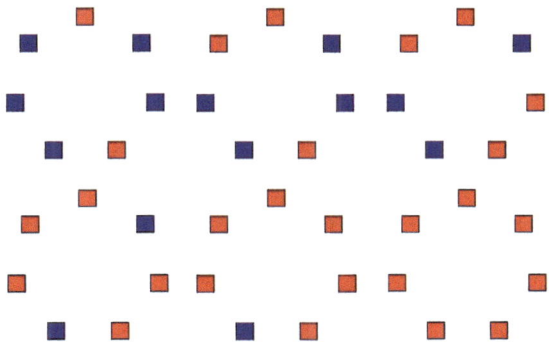

Bild 4.1.5: Nach und nach werden alle Felder umgefärbt.

den anderen im Uhrzeigersinn die Nummern 1, ..., 6, so werden die Felder in der folgenden Reihenfolge gefärbt: 3, 6, 2, 5, 2, 4. Nach 6 Schritten sind alle Felder umgefärbt, der siebente Schritt würde wieder zum Startfeld führen.

Das gleiche Phänomen ergibt sich für $n = 7$ und $r = 2$ (Bild 4.1.6), da werden die Felder in der Reihenfolge 2, 4, 6, 1, 3, 5 gefärbt:

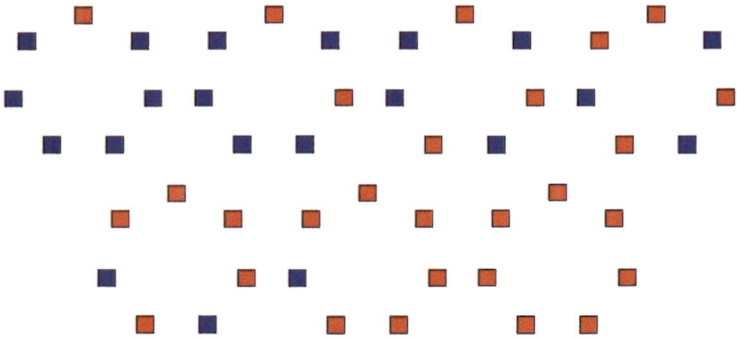

Bild 4.1.6: Ähnlich ist es im Fall n = 7, r = 2.

Im Fall $n = 7$ wäre auch bei $r = 1, 4, 5, 6$ das Gleiche passiert. (Man kann das auch an einem ausgedruckten Kalender ausprobieren: Starte irgendwo; wähle r kleiner als 7; gehe immer r Tage weiter; dann werden es sechs Mal immer andere Wochentage sein, und erst im siebenten Schritt erreichen wir den Start-Wochentag.)

Es hängt mit der Primzahleigenschaft zusammen: Ist nämlich $n = 6$ und $r = 2$, so stimmt das nicht mehr: Nach drei Schritten kommt nichts Neues mehr dazu (Bild 4.1.7).

Wirklich gilt ganz allgemein: Ist n eine Primzahl und r eine Zahl, die kleiner als n ist, so werden in den ersten n Schritten des Spaziergangs alle Felder besucht, und zuletzt – im n-ten Schritt – das Startfeld.

Die Begründung, Teil 1. Es wird wichtig werden, dass Primzahlen

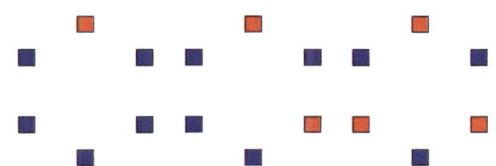

Bild 4.1.7: Im Fall n = 6, r = 2 werden nicht alle Felder besucht.

n die folgende Eigenschaft haben: Wenn n die Zahlen a, b nicht teilt, so ist n auch kein Teiler des Produkts $a \cdot b$. (Oder umgekehrt gelesen: Teilt n die Zahl $a \cdot b$, so teilt n mindestens eine der Zahlen a, b.)

Zum Beispiel teilt 7 das Produkt $2 \cdot 35 = 70$. Also muss einer der Faktoren 2, 35 durch 7 teilbar sein. (35 hat diese Eigenschaft.) Und bei Nicht-Primzahlen muss das nicht sein: 6 teilt $3 \cdot 8 = 24$, aber weder 3 noch 8 haben die 6 als Teiler.

Klar, dass Beispiele das Ergebnis nur illustrieren, aber nicht beweisen können. Ein Beweis wäre wirklich recht aufwendig für ein Buch dieses Typs, und darum wird hier darauf verzichtet. (Nur so viel: Man muss ausnutzen, dass jede Zahl auf eindeutige Weise als Produkt von Primzahlen geschrieben werden kann.)

Die Begründung, Teil 2. Warum sind alle besuchten Felder während der ersten n Schritte verschieden, wenn n eine Primzahl ist?

Würde im k-ten Schritt das gleiche Feld besucht werden wie das, das m Schritte später dran ist, so hätten in m Schritten einige vollständige Umrundungen stattfinden müssen, $m \cdot r$ (so weit kommt man in m Schritten voran) wäre also ein Vielfaches der Primzahl n. Insbesondere wäre also $m \cdot r$ durch n teilbar. Doch das kann wegen Teil 1 nicht sein, da m und r kleiner als n sind und folglich n nicht als Teiler haben können.

Die Begründung, Teil 3. Warum wird zuletzt das oberste Feld besucht?

Das ist ja das Startfeld, und wäre man schon in s Schritten da, wobei s kleiner als n ist, so wäre $s \cdot r$ ein Vielfaches von n, denn es sind ja einige vollständige Runden gedreht worden. Das geht mit einer Begründung wie in Teil 3 nicht, da n weder s noch r teilt.

Wie ist der Trick vorzubereiten? Man muss nur sieben Karten und das Preisgeld zum Vorzeigen bereithalten.

Was ist bei der Durchführung zu beachten? Der Zauberer zeigt die Karten und kündigt ein Gewinnspiel an. Eine Zuschauerin meldet sich: Sie soll sich eine Karte aussuchen. Die kann sie auch gern mit einem Filzer persönlich markieren.

Das Spiel wird erklärt: Gleich wird die Karte an einer ihr unbekannten Stelle liegen. Sie soll eine Zahl nennen, und dann werden die Karten nach und nach aufgedeckt. Wenn die gewählte Karte an der genannten Stelle liegt, hat sie 10 Euro gewonnen.

Der Zauberer legt die Karten zu einem Stapel zusammen, und die markierte Karte wird unter dem Tisch «irgendwo in den Stapel» geschoben. Das stimmt aber nicht: Sie wird als unterste Karte gelegt.

Der Rest geht von alleine, die Primzahleigenschaft der 7 garantiert, dass die gewählte Karte als letzte aufgedeckt wird.

Die Präsentation: Der Zauberer sollte am Ende die einzige noch bildunten liegende Karte aufdecken und dadurch zeigen, dass es die Zuschauerkarte ist: Sonst könnte jemand auf die Idee kommen, dass die unter dem Tisch durch eine andere ausgetauscht wurde.

Es ist auch möglich, die Spannung dadurch zu steigern, dass man das Preisgeld nach und nach erhöht. Wenn es also beim ersten Aufdecken nicht die gewählte Karte war, kann man es noch einmal versuchen lassen und bei Erfolg 20 Euro versprechen. Beim nächsten Mal dann 30 Euro usw. Dazu sollte man das Kunststück gut eingeübt haben. Sonst muss man wegen eines Denk- oder Ausführungsfehlers wirklich zahlen …

4.2
Neues vom magischen Zahlendreieck

Das Zauberkunststück: Bei diesem Kunststück wird ein bisschen gerechnet: Der Zauberer kann seine herausragenden Leistungen demonstrieren.

Ein Zuschauer kommt auf die Bühne und schreibt auf eine allen sichtbare Tafel sechs Zahlen zwischen 1 und 5 in eine Reihe, etwa

3 1 5 1 5 3.

Unmittelbar danach notiert der Zauberer eine Prognose auf einen Zettel, die – wenn sie denn richtig ist – seine außergewöhnlichen Rechenleistungen unter Beweis stellt.

Nun hat der Zuschauer einiges zu tun. Für je zwei benachbarte der von ihm gewählten Zahlen schreibt er die Summe darunter. Genauer: Meist ist es die Summe, aber wenn die größer als 5 ist, wird 5 abgezogen. (Die Zahlen sollen ja nicht zu groß werden!) Unter 3 1 kommt also die 4, unter 1 5 die 1 usw.

So füllt sich die zweite Zeile mit 5 Zahlen, dann die dritte mit 4, die vierte mit 3, die fünfte mit 2 Zahlen, und in der sechsten Zeile gibt es nur noch eine einzige Zahl. Das Endergebnis der Rechnungen sieht so aus:

```
3   1   5   1   5   3
  4   1   1   1   3
    5   2   2   4
      2   4   1
        1   5
          1
```

Ganz unten steht die 1, und diese Zahl stimmt mit der Prognose überein. Der Zauberer hat mit unglaublicher Geschwindigkeit die Rechnungen durchgeführt, für die der Zuschauer mehrere Minuten gebraucht hat!

Der mathematische Hintergrund: Bei diesem Kunststück sind *zwei* mathematische Sachverhalte zu kombinieren[1].

Erstens muss man zählen können. Genauer: Wenn eine Menge n Elemente hat und eine Zahl k kleiner als n ist, so möchte man wissen, wie viele k-elementige Teilmengen es gibt.

Das klingt abstrakt, aber manche Spezialfälle kann man auch durch Situationen im täglichen Leben illustrieren:

> *Beispiel 1:* Acht Freunde feiern im Restaurant ein Examen. Jeder hat vor sich ein Sektglas. Nun wird angestoßen, jeder mit jedem: Wie oft werden die Gläser klingen? (Das ist der Fall $n = 8$, $k = 2$).
>
> *Beispiel 2:* Zur Auswahl stehen für die Urlaubslektüre zehn Bücher. Leider ist nur für vier Bücher Platz im Koffer. Wie viele Möglichkeiten gibt es, sich mit Urlaubslesestoff zu versorgen? ($n = 10$, $k = 4$.)
>
> *Beispiel 3:* Ein Lottoschein hat 49 Felder, und 6 davon können angekreuzt werden. Wie viele Möglichkeiten hat man? ($n = 49$, $k = 6$.)

Die fragliche Zahl wird mit $\binom{n}{k}$ (gesprochen «n über k») bezeichnet, und man kann sie durch eine Formel berechnen. Es ist ein Bruch, im Zähler stehen k Faktoren, nämlich n, $n-1$, $n-2$, ...: also immer

---

[1] Wem die Einzelheiten beim ersten Lesen zu verwickelt sind, kann sofort zum Ende des Mathematikteils und zum Stichwort «Fazit» vorblättern.

einer weniger, so viele, bis man k Faktoren hat. Und im Nenner steht einfach $1 \cdot 2 \cdot 3 \cdots k$.

Für unsere Beispiele heißt das:

Beispiel 1: $\binom{8}{2} = 8 \cdot 7/(1 \cdot 2) = 28$. So oft werden die Gläser klingen.

Beispiel 2: $\binom{10}{4} = 10 \cdot 9 \cdot 8 \cdot 7/(1 \cdot 2 \cdot 3 \cdot 4) = 210$. Da sollte doch eine passende Auswahl dabei sein!

Beispiel 3: Die Zahl ist überraschend groß:

$$\frac{49 \cdot 48 \cdot 47 \cdot 46 \cdot 45 \cdot 44}{1 \cdot 2 \cdot 3 \cdot 4 \cdot 5 \cdot 6} = 13\,983\,816.$$

(Das sind fast 14 Millionen mögliche Lottotipps!)

Entsprechend klein ist die Wahrscheinlichkeit, einen Sechser im Lotto zu haben:

$$1/13\,983\,816.$$

Eher hat man beim zufälligen Wählen von 7 Ziffern jemanden in der Leitung, mit dem man schon immer einmal telefonieren wollte, von dem / der man aber die Nummer leider nicht kannte.

Und *zweitens* verhalten sich die Zahlen $\binom{n}{k}$ auf eine ganz besondere Weise, wenn n eine Primzahl ist. Es gilt nämlich: Ist $n = p$ eine Primzahl, so sind die Auswahlzahlen $\binom{p}{k}$ für $k = 1, 2, \ldots, p - 1$ alle durch p teilbar[2].

> Zur Illustration: Wären es in Beispiel 1 sieben Freunde gewesen, so hätten die Gläser $7 \cdot 6/(1 \cdot 2) = 21$ Mal geklungen, und 7 teilt 21.

2) Für $k = 0$ und $k = n$ ist das nicht zu erwarten, denn dann sind die entsprechenden Zahlen gleich 1: Es gibt nur *eine* leere Menge und auch nur *eine* Auswahl, in der alle Elemente vorkommen.

Man kann es so begründen: In der Formel für $\binom{p}{k}$ steht im Zähler (als erste Zahl) ein p, und im Nenner nur Zahlen, die alle kleiner als p sind. Das p wird sich also garantiert nicht wegkürzen.

Nach diesen Vorbereitungen können wir das Zauberkunststück analysieren. Der Zuschauer führt doch ein nur leicht verstecktes *Kreisrechnen* durch (vgl. Anhang 12.1). Die Anweisung «Wenn die Summe größer als 5 ist, ziehe 5 ab» ist doch im Wesentlichen die Vorschrift: «Berechne den Rest, der beim Teilen der Summe durch 5 übrig bleibt». Für Laien ist die erste Version aber günstiger. Erstens sieht es einfacher aus, und zweitens wird niemand durch die Null verwirrt.

Dann muss man nur noch beachten, welche Bedeutung die sechs Zahlen in der ersten Reihe für das Endergebnis haben. Wenn zum Beispiel an Position 4 die Zahl 2 steht, so trägt diese 2 mit 2 mal $\binom{5}{3}$ zum Endergebnis bei.[3] Doch $\binom{5}{3}$ ist durch 5 teilbar, und da es nur um Reste geht, ist der Anteil Null. Nur der Anteil der ersten und der letzten Zahl der ersten Reihe ist zu berücksichtigen.

Wenn man alles kombiniert, so erhält man das bemerkenswert einfache

Fazit: Um das Endergebnis zu erhalten, muss der Zauberer lediglich die erste und die letzte Zahl der ersten Reihe addieren. Sollte diese Summe größer als 5 sein, ist 5 abzuziehen.

Beim obigen Kunststück musste er nur vor dem Abgeben der Prognose $3 + 3 = 6$ rechnen und dann 5 abziehen.

---

[3] Achtung: Zur Position 4 gehört $k = 3$, denn es wird bei 0 angefangen zu zählen. Der Beweis dafür, dass man hier auf die $\binom{p}{k}$ trifft, ist ein bisschen technisch und soll hier nicht geführt werden.

Wie ist der Trick vorzubereiten? Je nach Anzahl der Zuschauer ist etwas mehr oder weniger Großes zum Schreiben vorzubereiten. Für eine kleine Runde reichen ein Blatt Papier und ein Kugelschreiber, bei einem zahlreicheren Publikum sollten es schon ein Flipchart und ein dicker Filzstift sein.

Was ist bei der Durchführung zu beachten? Der Zauberer erklärt die Regeln. Nachdem die erste Zeile vom Zuschauer gewählt ist, gibt er seine Prognose ab (siehe das Ende des mathematischen Teils beim Stichwort «Fazit»). Dann passen er und die anderen Zuschauer gut auf, dass zwischendurch keine Rechenfehler auftreten.

Die Präsentation: Der Zauberer betont natürlich am Anfang, dass er wochenlang das Schnellrechnen geübt hat und das hier zum ersten Mal vor Publikum testen möchte.

Varianten:

1. Von der Zahl 5 haben wir ja nur die Primzahleigenschaft ausgenutzt. Es geht wirklich mit beliebigen Primzahlen p:

- Eine Zuschauerin schreibt $p + 1$ Zahlen zwischen 1 und p in eine Reihe. Die Prognose: Erste plus letzte Zahl; wenn die größer als p ist, muss p von der Summe abgezogen werden. (Achtung: Es müssen $p + 1$ und nicht nur p Zahlen in der ersten Reihe sein. Vorher, bei $p = 5$, waren es sechs Zahlen.)
- Die Zuschauerin rechnet: Unter je zwei Zahlen kommt die Summe; wenn die größer als p ist, soll p abgezogen werden. So entstehen nach und nach viele Zeilen mit Zahlen, die immer kürzer werden.
- Am Ende steht nur noch eine Zahl, und das ist genau die Prognose.

Hier ist ein Beispiel zu $p = 7$:

```
3   4   1   5   2   6   2   1
  7   5   6   7   1   1   3
    5   4   6   1   2   4
      2   3   7   3   6
        5   3   3   2
          1   6   5
            7   4
              4
```

Der Zauberer hat für die Prognose einfach $3 + 1 = 4$ gerechnet, die Zuschauerin hatte sehr viel länger zu tun.

Viel größere Primzahlen sind nicht so gut geeignet: Das Kunststück würde zu lange dauern und irgendwann langweilen, und außerdem könnte es bei zu vielen Rechnungen Rechenfehler geben, die keinem auffallen.

2. Als Variante kann man das Kunststück auch mit $n = 9$ vorführen. 9 ist zwar keine Primzahl, aber es gibt einen Vorteil: Statt zu sagen «Bilde die Summe, und wenn die größer ist als 9, ziehe 9 ab», kann die Anweisung lauten: «Bilde die Quersumme der Summe.» Das läuft hier auf das gleiche Ergebnis hinaus, es klappt aber nur bei der Neun. Und «Quersumme» wird manchen vertrauter erscheinen als die Anweisung, manchmal 9 abzuziehen.

Leider gibt es auch einen *Nachteil*. Das Endergebnis in der letzten Zeile ist im Allgemeinen *nicht* die Quersumme von der Summe der ersten und letzten Zahl. Das wäre es dann, wenn alle $\binom{9}{k}$ für $k = 1, \ldots, 8$ durch 9 teilbar wären. Die meisten sind es auch, aber 9 teilt nicht $\binom{9}{3} = \binom{9}{6} = 84$. Immerhin ist 84 durch 3 teilbar, und das bewirkt die folgende Modifikation der Regel, wie der Zauberer zu seiner Prognose kommt:

- Addiere die Zahlen an Position 4 und 7 der ersten Zeile.[4] Bilde die Quersumme, nimm das Ergebnis mit 3 mal und bilde noch einmal die Quersumme.
- Addiere dazu die erste und die letzte Zahl der ersten Zeile und berechne die Quersumme.

Das ist die Prognose, diese Zahl wird als letzte übrig bleiben.

Hier ist ein Beispiel:

```
4   3   5   5   8   1   6   1   8   9
  7   8   1   4   9   7   7   9   8
    6   9   5   4   7   5   7   8
      6   5   9   2   3   3   6
        2   5   2   5   6   9
          7   7   7   2   6
            5   5   9   8
              1   5   8
                6   4
                  1
```

Sobald der Zauberer die erste Zeile gesehen hat, rechnet er so:
- Zahlen an Position 4 und 7 addieren (die haben wir hier unterstrichen): $5 + 6 = 11$. Quersumme bilden: 2.
- Mit 3 multiplizieren: 6. (Das ist einziffrig, deswegen muss die Quersumme nicht gebildet werden.)
- Erste und letzte Zahl dazu addieren: $6 + 4 + 9 = 19$.
- (Iterierte) Quersumme bilden: Erst 10, dann 1,; *das* ist die Prognose.

4) Da mit der Zählung bei 0 begonnen wird, gehören die zu *k* = 3 und *k* = 6.

Und das kann man noch *wesentlich vereinfachen*. Der Zauberer hat 10 Markierungen für die erste Zeile vorbereitet, zum Beispiel durch Unterstreichen:

$$\_\ \_\ \_\ \_\ \_\ \_\ \_\ \_\ \_\ \_$$

Der Zuschauer soll an den Markierungen Zahlen seiner Wahl zwischen 1 und 9 eintragen. Der Zauberer macht das mit einigen Zahlen vor. Er setzt drei Zahlen ein, insbesondere die an Position 4 und 7. Dabei richtet er es so ein, dass die Summe dieser beiden Zahlen 9 ist, etwa so:

$$\_\ \_\ \_\ \underline{2}\ \_\ \_\ \underline{7}\ \_\ \underline{3}\ \_$$

Das hat für ihn den großen Vorteil, dass sich die Prognoserechnung massiv vereinfacht: Er muss, wenn der Zuschauer die restlichen Zahlen gewählt hat, nur die Summe aus erster und letzter Zahl bilden und evtl. davon noch die Quersumme ausrechnen. Begründung: Der Anteil «Drei mal Summe aus Position 4 und 7» muss nicht berücksichtigt werden, denn der ist ja durch 9 teilbar, und es geht nur um die Reste beim Teilen durch 9.

Hier noch die Fortsetzung des Beispiels: Der Zuschauer hat so vervollständigt:

$$\underline{9}\ \underline{4}\ \underline{1}\ \underline{2}\ \underline{1}\ \underline{9}\ \underline{7}\ \underline{8}\ \underline{3}\ \underline{2}$$

Sofort wird die Prognose 2 (die iterierte Quersumme von $9 + 2 = 11$) in einem Umschlag abgegeben. Etwas länger dauert dann die nachfolgende Rechnung des Zuschauers:

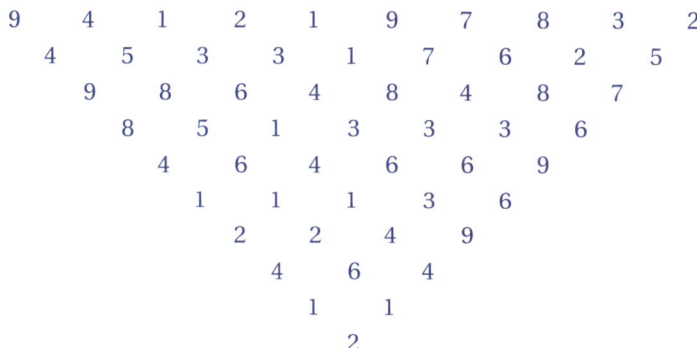

Und – wie zu erwarten – endet die mit einer 2.

Schlussbemerkung: Eine Variante dieses Kunststücks gab es schon in Abschnitt 1.2 im «Mathematischen Zauberstab».

5

Haben Lügen wirklich kurze Beine?

In den folgenden Abschnitten werden wir es mit Zuschauern zu tun haben, die evtl. nicht die Wahrheit sagen. Kann man das wie ein Lügendetektor herausbekommen?

Kann man mit vielleicht falschen Antworten trotzdem etwas anfangen? Sicher nicht, wenn man keine Ahnung hat, ob und wann gelogen wurde. Ein konsequenter Lügner ist aber im Grunde fast genauso informativ, wie jemand, der garantiert die Wahrheit sagt.

> Zur Illustration betrachten wir eine Situation, in der der Zuschauer sich entscheiden kann, ob er immer lügen oder immer die Wahrheit sagen wird.
> Wenn dann der Zauberer auf eine weiße Wand zeigt und fragt «Ist diese Wand weiß?», so ist nach der Antwort klar, für welche Variante sich der Zuschauer entschieden hat, und mit den Antworten auf Ja-nein-Fragen kann der Zauberer genauso viel anfangen, als ob die Antwort von einem garantiert ehrlichen Mitspieler käme.

Die Faustregel wird sein: Wenn unklar ist, ob man es mit einem konsequenten Lügner zu tun hat oder sich auf die Antworten verlassen kann, braucht es eine Frage mehr als im Standardfall, bei dem man davon ausgeht, dass richtig geantwortet wird.

Wir werden Lügendetektorsituationen besprechen und auch ausreichend viele Informationen aus Antworten ziehen können, bei denen vorher gewisse Möglichkeiten vereinbart wurden, falsche Antworten zu geben.

Es versteht sich von selbst, dass man nicht so plump vorgehen darf, wie es vor wenigen Zeilen durch das Stellen der Frage «Ist diese Wand weiß?» beschrieben worden ist. Es gibt aber einige interessante Möglichkeiten, es viel geschickter zu machen. Unser Programm:
- Karten als Lügendetektor (Abschnitt 5.1)
- Lügen, aber bitte konsequent (Abschnitt 5.2)
- Woran hast du gedacht? (Abschnitt 5.3)
- Lügen nach Wahl (Abschnitt 5.4)

5.1
Karten als Lügendetektor

Das Zauberkunststück: Zauberer und Zuschauer bringen gemeinsam einen bildunten gehaltenen Kartenstapel durcheinander. Die Kartenanzahl ist gerade. Nach dem Mischen werden die Karten zu zwei Teilstapeln aufgeteilt, einen für den Zauberer und einen für den Zuschauer. Der Zauberer behauptet, dass es geheime Kontakte zwischen den Karten der beiden Stapel gibt. Um das zu beweisen, schauen sich beide die oberste Karte ihres Stapels an. Dann stellt der Zauberer Fragen, etwa «Ist deine Karte rot?» oder «Ist der Wert der Karte kleiner als 6?» usw.

Der Zuschauer soll antworten: Er kann sich aber bei dieser Frage (und den folgenden) aussuchen, ob er die Wahrheit sagt oder nicht. Das aber wird vom Zauberer sofort erkannt!

Mit den zweiten Karten von oben passiert das Gleiche, auch mit den dritten usw. Immer ist der Zauberer in der Lage, wie ein Lügendetektor zu erkennen, ob die Antwort richtig ist oder ob gelogen wurde.

Der mathematische Hintergrund: Grundlage dieses Kunststücks ist das sogenannte *Gilbreath-Prinzip*, das in meinem Buch «Der mathematische Zauberstab» in Abschnitt 2.2 ausführlich beschrieben wird.

Es geht um eine wirklich überraschende Tatsache im Zusammenhang mit dem Riffelmischen (siehe den einleitenden Abschnitt «Lies mich!»). Ausgangspunkt ist ein Kartenstapel mit einer geraden Anzahl von Karten. Zur Vorbereitung hat sich der Zauberer (zunächst) ein einziges Merkmal ausgesucht, das Karten haben können oder auch nicht: rot oder schwarz? Bild oder Zahl? Größer oder kleiner als 6? …

Zur Illustration bleiben wir bei rot-schwarz. Die Karten werden so gelegt, dass sich Rot und Schwarz abwechseln (Bild 5.1.1).

Bild 5.1.1: Rot und Schwarz wechseln sich ab.

Das sehen die Zuschauer aber nicht, denn die Karten werden bildunten gehalten. Nun werden sie wie folgt durcheinandergebracht:
- Man lässt einige Male abheben, und vielleicht schließt sich ein Charliermischen an (siehe Abschnitt «Lies mich!» am Anfang).
- Der Zauberer zählt Karten einzeln zu einem neuen Stapel herunter, der Zuschauer darf an einer beliebigen Stelle «Halt!» sagen; das sollte aber aus Gründen, die gleich klar werden, so passieren, dass etwa die Hälfte der Karten heruntergezählt ist.
- Reststapel und heruntergezählter Stapel werden nun durch einmaliges Riffelmischen weiter durcheinandergebracht: *Deswegen* sollten die Stapel in etwa gleich groß sein, sonst ist dieses Mischen nicht wirklich sinnvoll.

Das Gilbreath-Prinzip besagt nun, dass in diesem finalen Stapel jede Zweiergruppe eine rote und eine schwarze Karte enthält: Oberste und zweitoberste Karte enthalten rot-schwarz, dritte und vierte ebenso, usw. (Man weiß allerdings nicht, *welche* der beiden rot und welche schwarz ist.) Zum Beweis verweise ich auf mein Buch «Der mathematische Zauberstab». In Bild 5.1.2 sieht man das Ergebnis eines Gilbreath-Mischens für 16 Karten.

Der Rest ist dann klar: Wenn der Stapel wieder aufgeteilt wird (links-rechts usw., Bild 5.1.3), so haben die obersten Karten ver-

Bild 5.1.2: Das Ergebnis eines Gilbreath-Mischens, von unten gesehen.

schiedene Farben, die zweiten von oben ebenfalls, usw. Wenn sich also beide die oberste (die zweitoberste usw.) ansehen, so weiß der Zauberer, welche Farbe die jeweilige Zuschauerkarte hat.

Bild 5.1.3: Die beiden Stapel, von unten gesehen.

Und das, was wir hier mit rot-schwarz beschrieben haben, geht natürlich auch mit anderen Merkmalen. Und wie wir gleich sehen werden, sogar mit mehreren Merkmalen gleichzeitig.

Wie ist der Trick vorzubereiten? Gebraucht wird eine gerade Anzahl von Karten, so etwa zwischen 10 und 20.

Möglichkeit 1, einfach: Wir legen 16 Karten einfach abwechselnd rot-schwarz zu einem Stapel zusammen, in Bild 5.1.1 haben wir schon ein Beispiel gesehen. Später wird nur ein Typ von Fragen möglich sein: «Welche Farbe hat deine Karte?»

Möglichkeit 2, etwas aufwendiger: Wir legen 12 Karten so zu einem Stapel, dass sich *zwei* Merkmale abwechseln. In Bild 5.1.4 gibt es einen Vorschlag, bei dem die Merkmale rot-schwarz und Bildkarte-Zahlenkarte berücksichtigt wurden. Dann kann man später *zwei* Typen von Fragen stellen: «Welche Farbe hat Deine Karte?» und «Ist deine Karte eine Bildkarte?»

Bild 5.1.4: Die vorbereiteten Karten nach Möglichkeit 2 (zwei Merkmale).

Möglichkeit 3, ein bisschen anspruchsvoll: Etwas mehr muss man schon überlegen, wenn man *drei* Merkmale gleichzeitig behandeln möchte. In Bild 5.1.5 sieht man einen 16er-Stapel, in dem sich drei Merkmale abwechseln: rot–schwarz, (kleiner 6)–(größer 6), gerade–ungerade. Dazu verwenden wir Zahlenkarten, Asse und Damen aus zwei Bridgespielen mit 52 Karten (Ass zählt jeweils 1, Dame jeweils 12 beim Merkmal (kleiner 6)–(größer 6)).

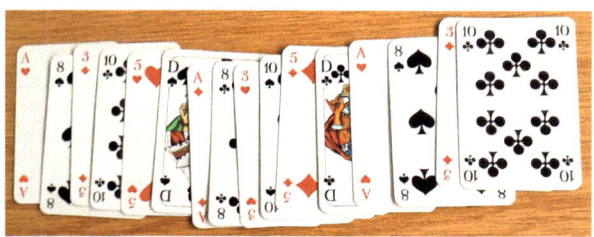

Bild 5.1.5: Vorbereitete Karten nach Möglichkeit 3 (drei Merkmale).

Man findet so eine geeignete Reihenfolge in mehreren Schritten. Erstens legt man Symbole für die Eigenschaften fest: R = rot; S = schwarz; k = kleiner als 6; g = größer als 6; G = gerade; U = ungerade.

Dann erzeugt man eine Tabelle mit 20 Spalten (die wir hier nur zum Teil wiedergeben), die so etwas wie unser Wunschzettel ist. Welche Merkmale soll die Karte in Spalte k haben?

1	2	3	4	5	6	7	8	...
R	S	R	S	R	S	R	S	...
k	g	k	g	k	g	k	g	...
G	U	G	U	G	U	G	U	...
?	?	?	?	?	?	?	?	...

(Zum Beispiel wird für Karte 5 gewünscht, dass die Merkmale R, k, G erfüllt sind: Sie soll rot sein, kleiner als 6 und gerade.) Dann muss man nur noch Karten für die entsprechenden Positionen suchen, welche die gewünschten Merkmale haben und die «?» entsprechend ersetzen. Das schafft man allerdings nur, wenn man *zwei* Bridgespiele mit gleichem Rückenmuster verwendet:

1	2	3	4	5	6	7	8	...
R	S	R	S	R	S	R	S	...
k	g	k	g	k	g	k	g	...
G	U	G	U	G	U	G	U	...
H1	P8	Ka3	Kr10	H5	P12	Ka1	Kr8	...

(In der Tabelle haben wir die Abkürzungen Kr, P, H, Ka für Kreuz, Pik, Herz, Karo verwendet. Für die Werte 1 bzw. 12 setzen wir, wie schon bemerkt, ein Ass bzw. eine Dame ein.)

Hier ist die vollständige Liste der 20 Karten (als Karten sieht man sie schon in Bild 5.1.5 weiter oben):

H1, P8, Ka3, Kr10, H5, P12, Ka1, Kr8,
H3, P10, Ka5, Kr12, H1, P8, Ka3, Kr10.

Und nun sind *drei* Typen von Fragen möglich: «Welche Farbe hat deine Karte?», «Ist der Kartenwert größer als 6?» und «Ist der Wert der Karte gerade?»

Was ist bei der Durchführung zu beachten? Man kann die Karten leicht bildoben aufblättern und sie kurz zeigen. (Dabei sollte nicht zu sehen sein, dass sich rot-schwarz abwechseln: Es darf nur sehr flüchtig aufgeblättert werden.) Dann folgt der erste Teil: das Durcheinanderbringen. Wer es ausführlich machen möchte, kann nach dem Abhebenlassen noch charliermischen, falsch abheben usw. (siehe Abschnitt «Lies mich!» am Anfang).

Und nun gibt es noch weitere Zufallsaktionen durch den Zuschauer: Er kann beim Herunterzählen zu einem neuen Stapel irgendwo «stop!» sagen, sinnvollerweise dann, wenn etwa die Hälfte der Karten heruntergezählt ist. Und dann soll er die so entstandenen Teilstapel noch riffelmischen. Das können nicht alle, als Ersatz könnte es ein *Fächermischen* geben (auch in Abschnitt «Lies mich!» beschrieben).

Dann teilt der Zauberer die Karten zwischen dem Zuschauer

und sich auf, indem er die Karten einzeln zu zwei neuen Teilstapeln ausgibt. Und nun kann das eigentliche Kunststück beginnen.

Der Zuschauer erfährt, dass er lügen darf und dass der Zauberer versuchen wird, das herauszubekommen. Beide nehmen die obere Karte ihres Stapels auf, und der Zauberer stellt eine Frage. Zum Beispiel: «Ist deine Karte rot?» Die richtige Antwort kennt der Zauberer schon, denn wenn seine eigene Karte rot ist, ist die des Zuschauers schwarz, und umgekehrt. Sind mehrere Aspekte vorbereitet (Bildkarte? Kleiner als 6? Gerade?), sollte er die Fragen natürlich frei variieren.

Es ist also leicht für ihn, sich als Lügendetektor zu profilieren.

Die Präsentation: Der Auftritt als Lügendetektor kann vom Zauberer kreativ ausgespielt werden: Übertragung von Informationen zwischen den Karten (die eben noch nebeneinandergelegen haben); sorgfältigste Beobachtung der Körpersprache des Zuschauers; …

Varianten: Die Anzahl der Karten und die Auswahl der Merkmale können beliebig variiert werden. Es hat sich bewährt, beim Beginn der Lügendetektoraktion die folgende kleine Änderung einzubauen.

In der Originalversion schauen sich ja Zauberer und Zuschauer die gerade oben liegende Karte ihres Stapels an. Es könnte aber auch der Zauberer *beide* oberste Karten bildunten nehmen, sie einige Male austauschen und dann den Zuschauer wählen lassen, welche er haben will.

Der vorgeschobene Grund: Die Karten tauschen noch einmal Informationen untereinander aus. Der wirkliche Grund: Es kommt vor, dass das Riffelmischen sehr laienhaft durchgeführt wird. Und dann kann es sein, dass der Zuschauer nur rote Karten bekommt. Das könnte ihn und andere im Publikum stutzig machen.

5.2
Lügen, aber bitte konsequent

Das Zauberkunststück: Auf dem Tisch liegt eine Münze. Der Zauberer erklärt, was der Zuschauer machen soll und dass hinterher zwei Fragen gestellt werden. Er soll sich aber vorher entscheiden, ob er bei beiden Fragen lügen oder die Wahrheit sagen möchte. Dann wendet sich der Zauberer ab.

Bild 5.2.1: Die Münze.

Der Zuschauer soll die Münze in die linke oder rechte Hand nehmen, und dann kann er die, wenn er möchte, von der einen Hand in die andere geben. Die Hände sind danach natürlich geschlossen.

Der Zauberer kommt wieder dazu und stellt zwei Fragen:
- «Hast Du die Münze am Anfang in die linke Hand genommen?»
- «Hast Du danach gewechselt, d. h., die Münze in die andere Hand gegeben?»

Er erhält zwei Antworten, wobei er nicht weiß, ob beide der Wahrheit entsprechen oder beide gelogen sind. Trotzdem ist er in der

Lage, mit Sicherheit zu sagen, in welcher Hand sich die Münze jetzt befindet.

Der mathematische Hintergrund: Der logische Hintergrund ist bemerkenswert. Es wird sich herausstellen, dass hier «zweimal lügen» am Ende zur gleichen Information führt, wie «zweimal die Wahrheit sagen».

Um das einzusehen, analysieren wir alle möglichen Antworten. Wir vereinbaren die naheliegenden Abkürzungen J und N für Ja und Nein, und JJ, JN, NJ, NN beschreibt, wie die beiden Fragen beantwortet wurden. (Zum Beispiel NJ: Nein bei der ersten, Ja bei der zweiten Frage.)

Die Analyse, wenn die Wahrheit gesagt wurde.
JJ. Ja, die Münze wurde mit der linken Hand aufgenommen, und Ja, es wurde gewechselt.
Fazit: Die Münze ist nun in der rechten Hand.
JN. Ja, die Münze wurde mit der linken Hand aufgenommen, und Nein, es wurde nicht gewechselt.
Fazit: Die Münze ist immer noch in der linken Hand.
NJ. Die Münze wurde mit der rechten Hand aufgenommen, und es wurde gewechselt.
Fazit: Die Münze ist nun in der linken Hand.
NN. Die Münze wurde mit der rechten Hand aufgenommen, und da blieb sie auch.
Fazit: Die Münze ist nun in der rechten Hand.

Die Analyse, wenn zweimal gelogen wurde.
JJ. Da wir es mit einem Lügner zu tun haben, bedeutet Ja, dass die Münze mit der rechten Hand aufgenommen wurde. Und es wurde im Gegensatz zur Antwort *nicht* gewechselt.
Fazit: Die Münze ist nun in der rechten Hand.

JN. Die Münze wurde mit der rechten Hand aufgenommen, und es wurde gewechselt.
Fazit: Die Münze ist in der linken Hand.
NJ. Die Münze wurde mit links aufgenommen, und da blieb sie auch.
Fazit: Die Münze ist nun in der linken Hand.
NN. Die Münze wurde mit der linken Hand aufgenommen und dann in die andere Hand gegeben.
Fazit: Die Münze ist nun in der rechten Hand.

Überraschenderweise ist bei allen möglichen Antworten das Fazit bei Nicht-Lügner und Lügner identisch! Der Zauberer kann sich also vorstellen, dass der Zuschauer garantiert die Wahrheit sagt. Er wird so zum richtigen Ergebnis kommen.

Es ist allerdings zu betonen, dass der Zauberer natürlich nicht die volle Information hat: Er weiß *nicht*, mit welcher Hand die Münze aufgenommen wurde, und er könnte auch nicht sagen, ob zwischendurch gewechselt wurde. Er wäre auch nicht in der Lage zu sagen, ob der Zuschauer gelogen hatte oder nicht.

Wenn er das aus irgendwelchen Gründen wissen möchte, ist das leicht zu erreichen. Er kann zusätzlich fragen: «Ist die Münze nun links?» Und da er die Wahrheit kennt, lässt sich aus der Antwort schließen, ob immer gelogen oder immer die Wahrheit gesagt wurde.

Wie ist der Trick vorzubereiten? Außer der allgemeingültigen Vorbereitung, dass man das Kunststück vor der Vorführung gut einüben sollte, ist fast nichts zu tun. Es ist nur eine Münze oder ein vergleichbar kleiner Gegenstand bereitzuhalten.

Was ist bei der Durchführung zu beachten? Die Durchführung wurde schon in der Beschreibung des Kunststücks erklärt. Und aus dem Mathematikteil entnehmen wir: «Der Zauberer kann sich also vorstellen, dass der Zuschauer garantiert die Wahrheit sagt. Er wird so zum richtigen Ergebnis kommen.»

Die Präsentation: Es bietet sich an, vor Beginn einiges zum Thema «Lügen» zu sagen. Das Finale (wo ist die Münze?) kann man auch unterschiedlich gestalten: Ein tiefer Blick in die Augen des Zuschauers, um das herauszubekommen; vorsichtige Bewegungen mit dem Zauberstab über die Hände; …

Varianten: 1. Hier ist noch eine Modifikation des zu Beginn vorgestellten Kunststücks. Die Fragen bleiben dieselben, doch diesmal soll der Zuschauer einmal lügen und einmal die Wahrheit sagen. In welcher Reihenfolge das geschieht, entscheidet ein weiterer Zuschauer durch einen Münzwurf, nachdem sich der Zauberer abgewendet hat.

Wieder hilft eine ausführliche Analyse.

Die Analyse, wenn erst gelogen und dann die Wahrheit gesagt wird.
JJ. Da bei der ersten Frage gelogen wird, bedeutet ein «Ja», dass die Münze mit der rechten Hand aufgenommen wurde. Und das nächste «Ja» ist wirklich so gemeint, es wurde also gewechselt.
Fazit: Die Münze ist nun in der linken Hand.
JN. Die Münze wurde mit der rechten Hand aufgenommen, und es wurde nicht gewechselt.
Fazit: Die Münze ist also noch in der rechten Hand.
NJ. Die Münze wurde mit links aufgenommen, und dann wurde gewechselt.
Fazit: Die Münze ist nun in der rechten Hand.
NN. Die Münze wurde mit der linken Hand aufgenommen, und da blieb sie auch.
Fazit: Die Münze ist in der linken Hand.

Die Analyse, wenn erst die Wahrheit gesagt und dann gelogen wurde.
JJ. Die Münze wurde mit links aufgenommen, und es wurde nicht gewechselt.
Fazit: Die Münze ist nun in der linken Hand.
JN. Die Münze war zuerst links, und es wurde gewechselt.
Fazit: Die Münze ist also in der rechten Hand.
NJ. Die Münze wurde mit rechts aufgenommen, und da blieb sie auch.
Fazit: Die Münze ist in der rechten Hand.
NN. Die Münze wurde mit der rechten Hand aufgenommen, und dann wurde gewechselt.
Fazit: Die Münze ist in der linken Hand.

Man sieht, dass für alle möglichen Antworten JJ, JN, NJ, NN bei Lüge-Wahrheit und Wahrheit-Lüge dasselbe herauskommt. Der Zauberer kann sich also zum Beispiel vorstellen, dass die erste Antwort gelogen und die zweite wahr ist: So wird er zum richtigen Ergebnis kommen. Da über eine Zusatzfrage nichts vereinbart wurde (richtige oder gelogene Antwort?), wird er nie erfahren, wo die Münze am Anfang war und ob er bei der ersten oder bei der zweiten Frage angelogen wurde.

2. Es klappt auch mit *zwei* Lügnern. Wieder liegt eine Münze auf dem Tisch, daneben ein Kartenspiel. Diesmal sind zwei Zuschauer beteiligt, die sich jeder einzeln frei entscheiden können, ob sie lügen werden oder nicht. Der Zauberer hat sich abgewendet, die Zuschauer treffen ihre Entscheidung. Um spätere Unklarheiten zu vermeiden, legt jeder eine Karte bildunten vor sich auf den Tisch: Für Lügner ist eine schwarze, für Wahrheitsliebende eine rote vorgesehen. Sie können auch beide die gleiche Wahl treffen, und sie sehen, wie sich der jeweils andere entschieden hat.

Einer von ihnen nimmt die Münze, und der Zauberer kommt wieder dazu. Er stellt zwei Fragen:
- Die erste Frage geht an Zuschauer 1: «Habt ihr euch für die gleiche Lügnerstrategie entschieden, also beide Rot oder beide Schwarz?»
- Und die zweite ist für Zuschauer 2: «Hast *du* die Münze?»

Und die Antworten enthalten für ihn genug Informationen, um sicher zu sagen, wer die Münze hat.

Es folgt die *Analyse*; «ja» und «nein» sind wieder mit J und N abgekürzt, und r, s stehen für die Wahl Rot (Wahrheit) bzw. Schwarz (Lügner).

Angenommen, Zuschauer 1 hat die Münze. Dann kann Folgendes passieren:

gewählte Farben	Antwort auf Frage 1	Antwort auf Frage 2
rr	J	N
rs	N	J
sr	J	N
ss	N	J

(Zum Beispiel muss Zuschauer 1 im Fall rs «nein» sagen, da er die Wahrheit sagt und die gewählten Farben verschieden sind. Und Zuschauer 2 lügt, deswegen sagt er «ja».)

Angenommen, Zuschauer 2 hat die Münze. Dann sieht es so aus:

gewählte Farben	Antwort auf Frage 1	Antwort auf Frage 2
rr	J	J
rs	N	N
sr	J	J
ss	N	N

Und das zeigt, dass der Zauberer nur eine einfache Regel anwenden muss:

Hört er zweimal dieselbe Antwort («Ja, ja» oder «Nein, nein»), so hat Zuschauer 2 die Münze, und andernfalls Zuschauer 1.

Aus der Tabelle kann der Zauberer übrigens noch Informationen über Zuschauer 2 ableiten. Zum Beispiel tritt «JJ» nur dann auf, wenn die Farben rr oder sr waren: Zuschauer 2 liebt also die Wahrheit! Entsprechend entlarvt «NN» Zuschauer 2 als Lügner. Er weiß auch, dass Zuschauer 2 bei «JN» bzw. «NJ» wahrheitsliebend bzw. ein Lügner war.

3. Man braucht ja die richtigen Antworten auf s Ja-nein-Fragen, um ein einzelnes Objekt aus 2^s Objekten zu identifizieren. Wir erläutern das am Fall von $2^3 = 8$ Karten, da müssten drei Fragen reichen.

Im Interesse der Übersichtlichkeit nehmen wir die Karten Ass (= 1), 2, 3, 4, 5, 6, 7, 8 einer Farbe, etwa Pik; sie liegen wie in Bild 5.2.2 ausgestreift bildoben auf dem Tisch. Eine Zuschauerin sucht sich eine davon in Gedanken heimlich aus (und schreibt das auch auf einen Zettel).

Der Zauberer schiebt die Karten zusammen und legt sie erneut aus, diesmal zu zwei leicht überlappenden Reihen von Karten: oben, unten, oben, unten, ... (Siehe Bild 5.2.3.)

Bild 5.2.2: Die Ausgangssituation.

Bild 5.2.3: Die Karten wurden zu zwei Reihen ausgelegt.

Die Zuschauerin soll sagen, ob die von ihr gemerkte Karte oben oder unten liegt.

Bild 5.2.4: Der zweite Durchgang.

Obere und untere Reihe werden zusammengeschoben, die oberen Karten werden auf die unteren gelegt. Und dann passiert das Ganze noch einmal: Ausgeben oben, unten, oben, unten, ... zu zwei leicht aufgefächerten Reihen (Bild 5.2.4), und die Zuschauerin sagt, ob ihre Karte oben oder unten liegt.

Und noch ein drittes Mal: zusammenschieben, obere Karten auf die unteren, neu ausgeben (Bild 5.2.5).

Bild 5.2.5: Der letzte Durchgang.

Und zum dritten Mal sagt die Zuschauerin, in welcher der beiden Reihen ihre Karte liegt.

Der Zauberer hat auf diese Weise Informationen gesammelt. Wenn man «obere Reihe» und «untere Reihe» durch «O» und «U» abkürzt, so ergeben die Antworten der Zuschauerin drei Buchstaben, etwa OUU (erste Antwort O, dann zweimal U). Insgesamt gibt es die acht Möglichkeiten OOO, OOU, OUO, OUU, UOO, UOU, UUO, UUU, und für jede einzelne gibt es nur eine einzige Karte, die infrage kommt. Zum Beispiel ist es nur die 6, auf die OOO zutrifft. Die vollständige Tabelle sieht so aus:

OOO	OOU	OUO	OUU	UOO	UOU	UUO	UUU
6	2	8	4	5	1	7	3

Wenn der Zauberer die auswendig gelernt oder (evtl. leicht verschlüsselt) diskret in Sichtweite zu liegen hat, kann er mit Sicherheit aus den Antworten auf die gewählte Karte schließen.

So weit gehört das zum Standardrepertoire. Wesentlich anders ist es auch nicht, wenn die Zuschauerin konsequent lügt: Wenn sie «obere Reihe» sagt, ist «untere Reihe» gemeint und umgekehrt. Wenn also zum Beispiel OOU geantwortet wird, so ist es in Wirklichkeit UUO, und es war die 7.

Etwas Neues passiert dann, wenn der Zauberer nicht weiß, ob die Zuschauerin eine konsequente Lügnerin ist oder ob sie immer die Wahrheit sagt. Angenommen, sie sagt OOU. Dann könnte die gesuchte Karte die 2 (die Wahrheit wurde gesagt) oder die 7 sein (Lügnerin).

Doch welche war es nun? Es wurde ja schon quasi als Faustregel erwähnt, dass man in solchen Situationen (immer lügen oder immer die Wahrheit?) eine weitere Frage braucht, um das gesuchte Objekt zu finden. Man könnte auf eine weiße Wand zeigen und fragen: «Ist diese Wand weiß?» Das ist viel zu plump und scheidet deswegen aus. Es geht aber viel eleganter. Die Idee ist doch, eine Antwort auf eine Frage zu bekommen, bei der man die Antwort schon kennt. Denn dann zeigt es sich: Lügnerin oder nicht.

Im hier beschriebenen Fall wissen wir, dass die Zuschauerin die 2 oder die 7 ausgesucht hat. Wenn man ihr also etwa vier Karten zeigt, unter denen 2 und 7 nicht vorkommen und dann fragt, ob ihre Karte dabei ist, so ist der Fall klar: Sagt sie «Ja!», hatte sie sich fürs Lügen entschieden und die 7 gewählt, ist die Antwort «Nein!», konnte man sich auf ihre Antworten verlassen, und die von ihr ausgesuchte Karte war die 2.

Hier ist noch eine Tabelle, in der alle möglichen Antworten aufgeführt sind: oben die Antworten, darunter die gewählten Karten für Wahrheit und Lügnerin:

OOO	OOU	OUO	OUU	UOO	UOU	UUO	UUU
6, 3	2, 7	8, 1	4, 5	5, 4	1, 8	7, 2	3, 6

(Wer die auswendig lernen möchte, wird es hilfreich finden, dass die Summe der unten stehenden Zahlen immer 9 ist.)

5.3
Woran hast du gedacht?

Das Zauberkunststück: Der Zauberer präsentiert ein großes Poster, auf dem sechs Musikinstrumente zu sehen sind (Bild 5.3.1).

Bild 5.3.1: Sechs Musikinstrumente zur Auswahl.

Ein Zuschauer soll sich in Gedanken eins aussuchen und irgendwo heimlich notieren.

Auch soll er für sich eine Entscheidung treffen: Wird er bei den gleich folgenden Fragen immer lügen oder immer die Wahrheit sagen?

Nun werden die Fragen gestellt: Der Zauberer zeigt vier Bilder, auf denen Musikinstrumente zu sehen sind (Bild 5.3.2 und Bild 5.3.3).

Bei jedem Bild soll der Zuschauer sagen, ob sein gewähltes Instrument dabei ist. Und, wie vereinbart, wird er jedes Mal eine richtige oder jedes Mal eine falsche Antwort geben.

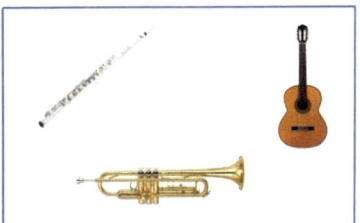

Bild 5.3.2: Fragebilder 1 und 2.

Bild 5.3.3: Fragebilder 3 und 4.

Der Zauberer ist dann in der Lage, das favorisierte Instrument richtig zu nennen. Und er weiß auch, ob gelogen wurde oder alle Antworten verlässlich waren.

Der mathematische Hintergrund: (Das Verfahren ist ein bisschen verwickelt. Am Ende des Mathematikteils gibt es eine kurze Zusammenfassung.)

Hintergrund dieses Kunststücks ist die Möglichkeit, «viele» Zahlen als Summen «weniger» Zahlen darzustellen. Hier wird zunächst die Tatsache verwendet, dass man die Zahlen von 1 bis 15 additiv aus 1, 2, 4, 8 zusammensetzen kann[1]: Für 1, 2, 4, 8 braucht man nur einen einzigen der «Bausteine», und bei den anderen geht es so:

---

1) Darauf beruht die *Binärdarstellung von Zahlen*.

3 = 1 + 2, 5 = 1 + 4, 6 = 2 + 4, 7 = 1 + 2 + 4, 9 = 1 + 8, 10 = 2 + 8
11 = 1 + 2 + 8, 12 = 4 + 8, 13 = 1 + 4 + 8, 14 = 2 + 4 + 8, 15 = 1 + 2 + 4 + 8.
(Mathematiker rechnen auch die Null als darstellbar dazu. Doch die «leere Summe» ist gewöhnungsbedürftig, und deswegen soll die Null hier nicht aufgeführt werden.)

Wir suchen uns nun sechs der Zahlen von 1 bis 15 so aus, dass diese Zahlen zusammen mit den Differenzen zu 15 zwölf verschiedene Zahlen ergeben. Beispiele dafür sind 1, 2, 3, 4, 5, 6 (zusammen mit den Differenzen zu 15 erhält man 1, 2, 3, 4, 5, 6, 14, 13, 12, 11, 10, 9) oder 2, 3, 4, 5, 8, 9 (zusammen mit den Differenzen würden sich die Zahlen 2, 3, 4, 8, 9, 13, 12, 11, 7, 6 ergeben). Nicht geeignet wären etwa 3, 4, 5, 6, 7, 8, das ergäbe nur die 10 verschiedenen Zahlen 3, 4, 5, 6, 7, 8, 12, 11, 10, 9.

Aus Gründen, die etwas später erklärt werden, verwerfen wir 1, 2, 3, 4, 5, 6 und favorisieren 2, 3, 4, 5, 8, 9. Zunächst stellen wir zusammen, *wie* denn diese Zahlen als Summen dargestellt wurden:

	2	3	4	5	8	9
1		*		*		*
2	*	*				
4			*	*		
8					*	*

Dabei geben die Sternchen in jeder Spalte an, welche der Zahlen für die Summendarstellung der oben stehenden Zahl verwendet wurden: Bei der 5 etwa stehen * bei 1 und 4, denn 5 = 1 + 4.

In einem nächsten Schritt bekommen die Instrumente Nummern aus den von uns gewählten Zahlen 2, 3, 4, 5, 8, 9 zugeordnet:

Saxophon	Flöte	Geige	Trompete	Klavier	Gitarre
2	3	4	5	8	9

Und dann können schon die vier Fragekärtchen hergestellt werden: Auf Kärtchen 1 kommen die Instrumente, für die * in der mit 1 beginnenden Zeile stehen, also die Instrumente mit den Nummern 3, 5, 9: Flöte, Trompete, Gitarre. Das zweite Kärtchen zeigt die Instrumente mit den Nummern 2, 3: Saxophon und Flöte. (Denn es gibt * bei 2, 3 in der mit 2 beginnenden Zeile.) Mit entsprechenden Begründungen kommen auf Kärtchen 3 die Instrumente Geige, Trompete und auf Kärtchen 4 die Instrumente Gitarre, Klavier.

Warum wurde das genau so gemacht? Wenn die vier Kärtchen dem Zuschauer gezeigt werden, addiert der Zauberer heimlich im Kopf die gewichteten Ja-Antworten: Ein Ja bei Frage 1 zählt 1, das bei Frage 2 zählt 2, das dritte 4 und ein Ja bei Frage 4 zählt 8. Wurde zum Beispiel bei Frage 1 und Frage 3 mit Ja geantwortet und sonst mit Nein, so rechnet er $1 + 4 = 5$. Und die 5 ist die Nummer der Trompete: Wenn der Zuschauer die ausgesucht hätte, müssten die Ja-Antworten wirklich bei Kärtchen 1 und 3 kommen.

Und wenn es ein Lügner war? Dann wären die Ja-Antworten bei den Kärtchen 2 und 4 gekommen und der Zauberer hätte bei seiner heimlichen Rechnung die Zahl $2 + 8 = 10$ erhalten. Das ist nicht die Nummer eines Instruments, es war also ein Lügner! Um das Instrument zu erhalten, muss er die ermittelte Zahl nur von 15 abziehen: $15 - 10 = 5$, und das zeigt, dass es die Trompete war.

Hintergrund dieser Überlegung ist die folgende Tatsache. Wenn ein Aufsummieren der Ja-Antworten mit Gewichten 1, 2, 4, 8 zu einer Zahl a führt, so lieferte ein Aufsummieren der Nein-Antworten die Zahl $15 - a$. Das liegt daran, dass die Gesamtsumme $1 + 2 + 4 + 8$ gleich 15 ist.

Das alles ist vielleicht ein bisschen technisch, doch es ist leicht, es «benutzerfreundlicher» zu machen.

Zunächst kann denen geholfen werden, die sich die Nummerierung der Instrumente nicht merken wollen. Die können das allererste Bild durch das folgende ersetzen (Bild 5.3.4).

Bild 5.3.4: Sechs Musikinstrumente mit «Dekoration».

Da wurde «zur Dekoration» noch eine Zahlenschlange hinzugefügt. Die Zahl dieser Schlange, die dem Instrument am nächsten ist, gibt die Nummer dieses Instruments an. (Es sind natürlich noch viele andere Codierungen der Nummerierung denkbar.)

Und die wichtigsten Schritte zur Ermittlung des Instruments kann man so zusammenfassen:

- Instrumentenbild zeigen (mit oder ohne Verschlüsselung).
- Vier Fragekärtchen zeigen: «Ist das ausgesuchte Instrument dabei?» (Achtung: Die Reihenfolge ist wichtig!) Die Antworten zu einer Zahl zusammenfassen: Nur die Antworten «Ja» zählen. Die werden gewichtet addiert, das Ergebnis nennen wir Z: Ein Ja bei Kärtchen 1 bzw. 2 bzw. 3 bzw. 4 wird mit 1

bzw. 2 bzw. 4 bzw. 8 gewichtet. (Zum Beispiel: Ein Ja bei Kärtchen 1 und 4 würde den Wert $Z = 1 + 8 = 9$ ergeben.)
- *Fall 1:* Die Zahl Z ist die Zahl eines Instruments, also 2, 3, 4, 5, 8 oder 9. Dann war das zugehörige Instrument gewählt worden, und der Zuschauer hat die Wahrheit gesagt.
- *Fall 2:* Das ist nicht der Fall. Dann berechne $15 - Z$, das wird die Zahl eines Instruments sein. Dieses Instrument hatte der Zuschauer ausgesucht und immer gelogen.

Schlussbemerkung: Es sollte noch erklärt werden, warum wir nicht mit den viel einfacheren Zahlen 1, 2, 3, 4, 5, 6 zur Nummerierung gearbeitet haben. Dann wäre der Summand 8 nie gebraucht worden, und das vierte Fragekärtchen wäre leer gewesen. Und wenn man ein leeres Blatt hinhält und fragt «Ist Dein Instrument dabei?», ist es aus der Antwort nicht schwer herauszubekommen, ob gelogen wurde oder nicht.

Etwas besser wäre es schon, wenn die höchste Zahl die 8 wäre. Doch dann sieht man auf dem vierten Fragekärtchen nur ein einziges Instrument, und so etwas sollte man vermeiden.

Wie ist der Trick vorzubereiten? Wenn man wie im Kunststück mit Instrumenten arbeiten möchte, braucht man das Instrumentenbild und vier Fragekärtchen. Etwa so wie in den Bildern 5.3.1 (oder 5.3.4) und 5.3.2 sowie 5.3.3. Die kann man aus diesem Buch kopieren und vergrößert ausdrucken, aber auch aus dem Internet zusammensuchen.

Man sollte wissen, welche Nummern den Instrumenten zugeordnet sind. Hier ist noch einmal der Vorschlag aus dem Mathematikteil:

Saxophon	Flöte	Geige	Trompete	Klavier	Gitarre
2	3	4	5	8	9

Und dann sollte man einige Male den Übergang von den Antworten zum Finale geübt haben: Instrument identifizieren und entscheiden können, ob gelogen wurde oder nicht. Das steht alles am Ende des Mathematikteils.

Was ist bei der Durchführung zu beachten? Ein Zuschauer ist gewählt. Man zeigt die mögliche Auswahl der Instrumente und sagt, dass eins davon heimlich gemerkt werden soll und dass von nun an konsequent gelogen werden darf.

Dann zeigt man die vier Fragekärtchen und führt bei den Ja-Antworten gewichtete Additionen aus: Ein Ja bei Kärtchen 1 bzw. 2 bzw. 3 bzw. 4 wird mit 1 bzw. 2 bzw. 4 bzw. 8 gewichtet. (Zum Beispiel: Ein Ja bei Kärtchen 1 und 4 würde den Wert $Z = 1 + 8 = 9$ ergeben.) Je nach Ergebnis (Zahl in 2, 3, 4, 5, 8, 9 oder nicht) wurde die Wahrheit gesagt oder gelogen. Ist die Zahl Z in 2, 3, 4, 5, 8, 9, so wurde die Wahrheit gesagt und das zugehörige Instrument wurde am Anfang gewählt; andernfalls wurde gelogen, und das Instrument mit der Nummer $15 - Z$ war das vom Zuschauer ausgesuchte.

Die Präsentation: Der Zauberer kann ein bisschen schauspielern, um aus den Reaktionen des Mitspielers zu ermitteln, ob er einen Lügner vor sich hat oder nicht. Und wenn er das Ergebnis weiß, muss er es ja nicht gleich verraten, sondern kann über der Auswahl aus dem ersten Bild eine Weile den Zauberstab kreisen lassen.

Varianten: Es ist natürlich völlig beliebig, dass das Kunststück hier mit Instrumenten beschrieben wurde. Ganz nach persönlichem Geschmack kann man das variieren und Instrumente durch Schauspieler, Früchte, berühmte Persönlichkeiten, Urlaubsorte usw. ersetzen. Dann sind statt der Instrumente nur geeignete Bilder einzusetzen, die man ohne Mühe im Internet findet.

Es ist auch möglich, die Anzahl der Auswahlmöglichkeiten zu erhöhen. Dann sind allerdings mehr als vier Fragen nötig, um zum richtigen Ergebnis zu kommen. Es folgt die Beschreibung einer

Variante mit *12 Auswahlmöglichkeiten und fünf Fragen*. Der Einfachheit halber nehmen wir zwölf Zahlen, und zwar

$$2, 3, 4, 5, 6, 7, 8, 9, 10, 11, 16, 17.$$

Man braucht zunächst ein Bild mit den Auswahlmöglichkeiten (Bild 5.3.5).

Bild 5.3.5: Die zur Wahl stehenden Zahlen.

Und dann muss man sich klarmachen, wie diese 12 Zahlen aus den Bausteinen 1, 2, 4, 8, 16 zusammengesetzt sind. Dazu gibt es wieder eine Tabelle: Bei jeder Zahl ist durch ein * aufgeführt, welche der Zahlen verwendet wurden:

	2	3	4	5	6	7	8	9	10	11	16	17
1		*		*		*		*		*		*
2	*	*			*	*			*	*		
4			*	*	*	*						
8							*	*	*	*		
16											*	*

(Zum Beispiel stehen in der Spalte unter der 7 Sternchen bei 1, 2, 4, denn 7 = 1 + 2 + 4.) Zu den Zahlen 1, 2, 4, 8, 16 gehören fünf Fragekärtchen: Bei welcher der 12 Zahlen wurde dieser Baustein gebraucht? Die Zahl 4 zum Beispiel bei der Darstellung von 4, 5, 6,

7, und deswegen kommen diese Zahlen auf das zugehörige Fragekärtchen (Bild 5.3.6).

Hier sind die 5 Kärtchen für unser Beispiel (wo wurde die 1, wo die 2, wo die 4, wo die 8 und wo die 16 gebraucht?):

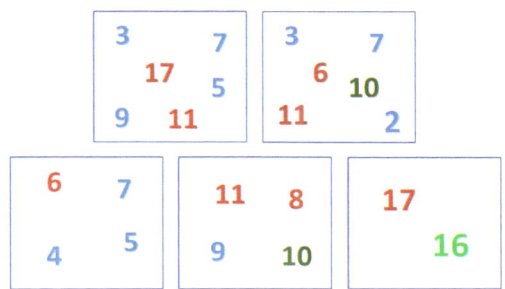

Bild 5.3.6: Die fünf Fragekärtchen (oben 1, 2, unten 3, 4, 5).

Und nun könnte es losgehen. Ein Zuschauer sucht sich seine Lieblingszahl, und er erfährt, dass er konsequent lügen oder die Wahrheit sagen soll. Die fünf Kärtchen werden nach und nach gezeigt (die Reihenfolge ist wichtig!), und jedes Ja trägt zu einer gewichteten Summe Z bei, die der Zauberer heimlich im Kopf ausrechnet: Ein Ja bei Kärtchen 1 liefert eine 1, und ein Ja bei den folgenden Fragen (Kärtchen 2 bis 5) zählt jeweils 2, 4, 8 oder 16. Gab es also etwa ein Ja bei den Kärtchen 3, 4, 5, so musste er $Z = 4 + 8 + 16 = 28$ rechnen.

Und wieder sind zwei Fälle zu unterscheiden:

Fall 1: Die Zahl Z ist eine der zur Auswahl stehenden Zahlen, kommt also in 2, 3, 4, 5, 6, 7, 8, 9, 10, 11, 16, 17 vor. Dann war das die vom Zuschauer gemerkte Zahl, und er hat die Wahrheit gesagt.

Fall 2: Z ist keine der Auswahlzahlen (so wie im Beispiel vor wenigen Zeilen). Dann hatte sich der Zuschauer die Zahl $31 - Z$ gemerkt, und er ist als Lügner entlarvt. (Im Beispiel war $Z = 28$. Also war $31 - 28 = 3$ die gemerkte Zahl, und es wurde konsequent gelogen.)

5.4
Lügen nach Wahl

Das Zauberkunststück: Diesmal sind die Möglichkeiten des Zuschauers noch weit vielfältiger, um durch Lügen die Zauberin in die Irre zu führen.

Nachdem sich ein Freiwilliger gefunden hat, geht es los. Ihm wird mitgeteilt, dass er gleich eine heimliche Wahl aus verschiedenen Gegenständen treffen muss. Die Zauberin wird mehrere Fragen stellen, doch bei den Antworten kann gelogen werden. Anders als in den vorigen Lügner-Abschnitten (immer die Wahrheit oder immer lügen) gibt es aber mehrere «Lügnerszenarien» (Einzelheiten folgen gleich). Dasjenige, das bei dieser Vorstellung angewendet werden wird, kann sich der Zuschauer aussuchen oder durch Zufall ermitteln lassen.

Wieder sind es bei uns Musikinstrumente. Die Zauberin präsentiert ein großes Bild, auf dem acht Instrumente zu sehen sind (Bild 5.4.1). Der Zuschauer soll sich in Gedanken eines aussuchen und seine Wahl sicherheitshalber irgendwo notieren.

Sie kündigt an, dass sie gleich fünf Fragen stellen wird. Bei den Antworten kann aber vielleicht manchmal gelogen werden. Doch wann? Um das festzulegen, gibt es vier «Lügnerkärtchen». Die sind wie folgt beschriftet:

- Lügnerkärtchen 1: Immer die Wahrheit sagen! (WWWWW)
- Lügnerkärtchen 2: Lügen bei Frage 1, sonst immer die Wahrheit sagen! (LWWWW)
- Lügnerkärtchen 3: Lügen bei Frage 2, sonst mmer die Wahrheit sagen! (WLWWW)
- Lügnerkärtchen 4: Die Wahrheit sagen bei Frage 1 und 2, sonst immer lügen! (WWLLL)

Der Zuschauer kann sich eines aussuchen; die Zauberin weiß nicht, auf welches seine Wahl gefallen ist. Doch nun muss er sich an die gewählte «Lügenregel» auch strikt halten!

Bild 5.4.1: Die Instrumentenauswahl.

Nun kommen die fünf Fragekärtchen (Bild 5.4.2 bis 5.4.4):

Bild 5.4.2: Fragekärtchen 1.

Bild 5.4.3: Fragekärtchen 2 und 3.

Bild 5.4.4: Fragekärtchen 4 und 5.

Sie werden in dieser Reihenfolge gezeigt, und der Zuschauer soll jedes Mal die folgende Frage beantworten: «Ist das von dir gewählte Instrument dabei?» Bei den Antworten sind die Regeln des von ihm gewählten Lügnerkärtchens zu befolgen.

Mal angenommen, er hat sich für das Saxophon entschieden. Seine Antworten wären dann
- Nein, Ja, Nein, Nein, Ja bei Lügnerkärtchen 1. (Er soll ja immer die Wahrheit sagen.)
- Ja, Ja, Nein, Nein, Ja bei Lügnerkärtchen 2. (Nur bei Frage 1 wurde gelogen.)
- Nein, Nein, Nein, Nein, Ja bei Lügnerkärtchen 3. (Nur bei Frage 2 wurde gelogen.)
- Nein, Ja, Ja, Ja, Nein bei Lügnerkärtchen 4. (Alles gelogen ab Frage 3.)

Die Zauberin ist dann nach einem prüfenden Blick auf den Zuschauer in der Lage, das von ihm gewählte Instrument zu nennen und auch noch zu sagen, nach welchem Lügnerkärtchen er geantwortet hat.

Der mathematische Hintergrund: Der Autor dieses Buches fand die Frage interessant, ob es neben «immer lügen» und «immer die Wahrheit sagen» noch andere Möglichkeiten gibt, die man für die Zauberei verwenden kann. Das erwies sich als überraschend schwierig, die Ergebnisse sind in einer mathematischen Fachzeitschrift veröffentlicht worden (siehe meine im Literaturverzeichnis zitierte Arbeit aus dem Jahre 2021). Gruppentheorie spielt eine wesentliche Rolle, und die Untersuchungen berühren auch berühmte ungelöste Probleme der Mathematik.

Es wäre völlig unrealistisch, das hier erklären zu wollen. Es soll nur das für die Zauberin wichtige «Kondensat» beschrieben werden.

Sie geht so vor. Erstens rechnet sie heimlich im Kopf eine Summe aus: Bei jeder Ja-Antwort kommt ein Summand dazu, und zwar der Summand 1 bzw. 2 bzw. 4 bzw. 8 bzw. 16 bei einer Ja-Antwort bei Frage 1 bzw. 2 bzw. 3 bzw. 4 bzw. 5. Hätte sie zum Beispiel «Ja, Ja, Ja, Nein, Ja» gehört, hätte sie $1 + 2 + 4 + 16 = 23$ erhalten.

Sie schaut sich unauffällig eine Tabelle an. Die liegt auf dem Tisch, ist auf der Rückseite einer aufrecht stehenden Tafel notiert, in ihrem Notizbuch enthalten oder sonstwo zu finden. Hier ist sie:

	WWWWW	LWWWW	WLWWW	WWLLL
Gitarre	3	2	1	31
Trompete	7	6	5	27
Geige	10	11	8	22
Flöte	13	12	15	17
Saxophon	18	19	16	14
Klavier	21	20	23	9
Schlagzeug	24	25	26	4
Posaune	28	29	30	0

Sie sucht die 23 und findet sie in der Klavierspalte unter dem dritten Lügnerszenario. Das sagt ihr, dass das Klavier gewählt und dass bei den Antworten das Lügnerkärtchen 3 verwendet wurde.

Hier noch ein weiteres Beispiel: Hätte der Zuschauer Ja, Ja, Nein, Nein, Ja geantwortet, hätte sie im Kopf 1 + 2 + 16 = 19 gerechnet. Die Tabelle verrät: Es war das Saxophon, und die Antworten wurden unter Verwendung von Lügnerkärtchen 2 gegeben.

Geeignete Konstellationen für Frage- und Lügnerkärtchen sind nicht leicht zu finden. Deswegen beschreiben wir hier noch eine weitere Möglichkeit. Diesmal geht es um beliebte Reiseziele, das Kunststück startet mit Bild 5.4.5.

Bild 5.4.5: Wohin würdest du am liebsten fahren?

Gleich werden fünf Fragekärtchen gezeigt werden, doch vorher muss sich der Zuschauer noch für eins von vier Lügnerkärtchen entscheiden; die Zauberin weiß nicht, welches er gewählt hat. Diesmal sollen Wahrheit und Lüge bei den fünf Fragen so verteilt sein:
- Lügnerkärtchen 1: Lügen bei Frage 2, sonst immer die Wahrheit sagen! (WLWWW)
- Lügnerkärtchen 2: Die Wahrheit sagen bei der ersten und der letzten Frage, sonst immer lügen! (WLLLW)
- Lügnerkärtchen 3: Nur bei Frage 2 und 3 die Wahrheit sagen! (LWWLL)

- Lügnerkärtchen 4: Die Wahrheit sagen bei Frage 1, ab da lügen! (WLLLL)

Und wieder werden nacheinander die fünf Fragekärtchen gezeigt (Bild 5.4.6 bis 5.4.8):

Bild 5.4.6: Fragekärtchen 1.

Bild 5.4.7: Fragekärtchen 2 und 3.

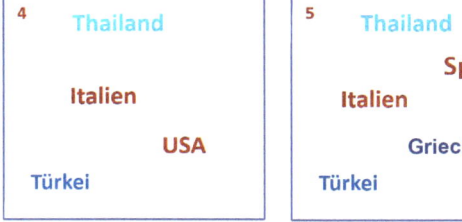

Bild 5.4.8: Fragekärtchen 4 und 5.

Der Ablauf ist der gleiche wie im vorigen Beispiel: Nur Ja-Antworten zählen und werden gewichtet addiert. Ein «Ja» bei Antwort 1, 2, 3, 4 bzw. 5 zählt wieder 1, 2, 4, 8 bzw. 16. Die Zauberin schaut nach, wo das Ergebnis in der nachstehenden Tabelle zu finden ist. Und das sagt ihr erstens, was das Lieblings-Reiseziel war, und zweitens, nach welchem Lügnerkärtchen die Antworten zustande kamen.

	WLWWW	WLLLW	LWWLL	WLLLL
Frankreich	6	10	29	26
Dänemark	13	1	22	17
USA	19	31	8	15
Griechenland	23	27	12	11
Spanien	21	25	14	9
Thailand	24	20	3	4
Türkei	30	18	5	2
Italien	28	16	7	0

Ein Beispiel: Es soll nach Spanien gehen, und für die Antworten wurde Lügnerkärtchen 3 verwendet. Spanien ist auf den Fragekärtchen 1, 2, 3 und 5 zu sehen, da gemäß LWWLL geantwortet werden soll, hört die Zauberin Nein, Ja, Ja, Ja, Nein. Sie rechnet also heimlich 2 + 4 + 8 = 14. Und sie findet die 14 in der Spanien-Zeile unter der dritten Lügneranweisung.

Es sollte noch bemerkt werden, dass bei beiden hier vorgestellten Beispielen die Möglichkeiten voll ausgenutzt wurden. Es gab acht Gegenstände und vier Lügnerszenarien zur Auswahl, das ergibt 32 Fälle, die von der Zauberin durch einen Blick in die Tabelle unterschieden werden müssen.

Nun kann man durch Addition der Bausteine 1, 2, 4, 8, 16 die 32 Zahlen 0, 1, 2, ..., 31 darstellen, und die tauchen auch alle in der

Tabelle auf: auch die beiden extremen Kandidaten Null (niemals Ja) und 31 (immer Ja).

Wie ist der Trick vorzubereiten? Ausnahmsweise wäre es diesmal günstig, den Mathematikteil vorher zu lesen. Es empfiehlt sich, bei den dort vorgeschlagenen Lügnerszenarien zu bleiben. Die Auswahl- und Fragekärtchen zu den Themen «Instrumente» und «Reiseziele» dürfen gern aus diesem Buch kopiert werden, man kann aber natürlich auch selbst kreativ werden: Lieblingsspeisen, Tiere, Schauspieler, ... Die Kärtchen und Tabellen sind dann natürlich anzupassen.

Wer möchte, kann die Fragekärtchen auch noch mit Gegenständen auffüllen, die auf dem ersten Bild *nicht* gezeigt wurden: weitere Instrumente, weitere Reiseziele. Dann sind die Zuschauer stärker beschäftigt, und es fällt nicht so auf, wenn der seltene Fall eintritt, dass immer «ja» oder immer «nein» geantwortet wurde.

Was ist bei der Durchführung zu beachten? Hier gibt es wenig zu variieren: Vorstellung der auszuwählenden Gegenstände, Erläuterung der Lügnerszenarien, heimliches Aussuchen durch den Zuschauer, Fragekärtchen, Auflösung nach unauffälliger Konsultation der Tabelle.

Die Präsentation: Nachträglich kann der Zauberer wirkungsvoll ausspielen, wie er zu der Lösung gekommen ist: Lügen entlarven, Zauberspruch, Blickkontakt, ...

Varianten: Wie schon erwähnt, kann man die auszuwählenden Gegenstände beliebig variieren. An den vorgeschlagenen Lügnerszenarien sollte man aber nichts ändern, denn geeignete Beispiele von solchen Szenarien sind ziemlich schwer zu finden. (Mir hat mein Computer geholfen.)

6

Wie wird in Australien gemischt?

Das «australische Ausgeben» (manchmal auch – nicht ganz korrekt – «australisches Mischen» genannt) ist ein Verfahren, durch das eine spezielle Karte aus einem Kartenstapel aussortiert wird. Es wurde auch schon in meinem Buch «Der mathematische Zauberstab» in Abschnitt 2.2 behandelt.

Nachstehend findet man zwei weitere Kunststücke, die dieses Verfahren verwenden.

6.1
Das große Kartenreißen

Das Zauberkunststück: Es sorgt immer für eine hervorragende Stimmung, und es können fast beliebig viele Zuschauer daran beteiligt werden.

Alle Mitmachenden sitzen hinter einem Tisch und bekommen einen Umschlag, in dem sich vier Spielkarten befinden. Es können aber auch Bilder berühmter Schauspieler sein, Ansichtspostkarten usw.

Der Zauberer gibt Anweisungen. Alle machen Folgendes:
- Die vier Karten werden aus dem Umschlag genommen, und ab sofort wird alles bildunten gehalten.
- Jeder darf seine Karten beliebig durcheinanderbringen. Am Ende werden sie wieder zu einem Stapel zusammengeschoben.
- Die vier Karten werden quer durchgerissen und der eine Teil mit vier Hälften wird auf den anderen (mit ebenfalls vier Hälften) gelegt: Bild 6.1.1.

Bild 6.1.1: Die zerrissenen Hälften, von unten gesehen.

- Nun darf einige Male abgehoben werden: Einige der Kartenhälften von oben als Päckchen nehmen und unter die anderen Kartenhälften legen.
- Danach soll man drei Kartenhälften von oben nehmen und irgendwo zwischen die anderen schieben.
- Die oben liegende Kartenhälfte legt jeder vor sich verdeckt auf den Tisch.
- Einige Male kann man nun von oben eine Kartenhälfte nehmen und irgendwo in den Stapel stecken. Das Fazit: Jeder hält sieben Kartenhälften in der Hand, die auf völlig unvorhersehbare Weise durcheinandergebracht wurden.

Und nun kommen die Aktionen, die erfahrungsgemäß immer für eine sehr ausgelassene Stimmung sorgen. Der Zauberer sagt, wie es weitergehen soll:

- Jeder, der will, kann von oben eine Kartenhälfte nehmen und hinter sich werfen. Wer Lust hat, kann das auch noch einmal machen.
- Und nun kann man auch noch einige Kartenhälften von oben irgendwo in die Mitte stecken. Danach halten alle, die mitmachen, 5, 6 oder 7 bildunten gehaltene Kartenhälften in der Hand.
- Nun wird sieben Mal eine Kartenhälfte von oben nach unten gelegt.
- Der spektakuläre Abschluss folgt: Eine Kartenhälfte unter den Stapel legen, die nächste hinter sich werfen. Und das immer wieder, bis man nur noch eine in der Hand hält.

Diese Kartenhälfte und die auf dem Tisch liegende werden umgedreht, und wie durch Zauberei sind es die zwei Hälften ein und derselben Karte (Bild 6.1.2).

Bild 6.1.2: Die zerrissenen Hälften haben sich wiedergefunden.

Der mathematische Hintergrund: Es werden Eigenschaften des *australischen Ausgebens* ausgenutzt.[1] Hier spielt das «under-down-Ausgeben» eine Rolle: Von einem bildunten in der Hand gehaltenen Kartenstapel wird die oberste Karte unter den Stapel gelegt, die nächste kommt auf den Tisch (oder wird weggeworfen); das wird so lange gemacht, bis nur noch eine einzige Karte übrig bleibt.

Es gibt eine Formel, um die Nummer der letzten Karte auszurechnen, wenn alle mit 1, 2, …, n durchnummeriert waren (sie wird in meinem ersten Zauberstab-Buch bewiesen). Für uns ist aber nur wichtig:

- Sind es 7 Karten, so bleibt Karte Nummer 7 übrig.
- Bei 6 Karten ist es Karte 5.
- Bei 5 Karten überlebt Karte 3.

(Davon kann man sich leicht überzeugen. Sind es zum Beispiel 5 Karten, die von oben als 1, 2, 3, 4, 5 durchnummeriert sind, so wird daraus zunächst (oberste nach unten, nächste weg) der Stapel 3, 4, 5, 1, dann 5, 1, 3 und 3, 5, und am Schluss bleibt die 3 übrig.)

---

1) Das wurde, wie schon erwähnt, auch schon in meinem Buch «Der mathematische Zauberstab» in Kapitel 2 beschrieben.

Nach diesen Vorbereitungen sind wir bereit für die *Analyse*. Die Grundidee besteht in der *Kombination von zwei Schritten*:

Schritt 1: Die Partnerkarte zu einer auf dem Tisch liegenden Kartenhälfte ist die unterste in einem Stapel von sieben Kartenhälften.

Schritt 2: Es können dann ganz nach Belieben von oben keine, eine oder zwei Karten entfernt werden. Es bleiben also Stapel mit sieben, sechs oder fünf Kartenhälften. Dann muss man das Folgende erreichen:

– Sind es sieben Kartenhälften, so muss die unterste unten bleiben.
– Im Fall von sechs Kartenhälften soll die vormals unterste die vorletze werden, also an Position 5 kommen.
– Und bei fünf Kartenhälften ist die vormals unterste an Position 3 zu bringen.

Wenn das geschafft ist, ist sicher, dass die ehemals unterste Kartenhälfte (die zweite Hälfte der auf dem Tisch liegenden) beim Under-down-Verfahren übrig bleibt: Denn bei 7 bzw. 6 bzw. 5 Karten bleibt Karte Nummer 7 bzw. 5 bzw. 3 übrig.

Schritt 1: Der Ausgangspunkt war, dass jeder vier Karten hatte, die er in irgendeine Reihenfolge bringt: *ABCD* (die Karte *A* ist dabei die oberste). Er zerreißt den Stapel und legt die Teilstapel zu je 4 Hälften übereinander. Die Hälften von *A* nennen wir *aa*, die von *B* kürzen wir mit *bb* ab usw. Dann hält er also einen Stapel *abcdabcd* in der Hand. Das sieht man in Bild 6.1.1 von unten, die Zuschauer sehen ihre Stapel von oben. (Für das Bild haben wir nicht nur alles umgedreht, sondern auch noch ein bisschen auseinandergezogen. Die Zuschauer haben einen zusammengeschobenen Stapel.) Wir haben die Karten Herz 7, Karo Bube, Kreuz Ass, Karo 10 (Bild 6.1.3) zerrissen. Und oben liegt eine Hälfte der Herz 7.

Nun darf mehrfach abgehoben werden, da ändert sich an der zyklischen Reihenfolge nichts. Bis auf eine mögliche Umbenennung sind es weiterhin die Karten *abcdabcd*. Deswegen gibt es kein neues Bild.

Bild 6.1.3: Oben und unten liegen die Hälften der Karo 10.

Die nächste Anweisung war: «Nimm drei Kartenhälften von oben und stecke sie irgendwo in die Mitte des Stapels.» Dann weiß man über die Karten nicht sehr viel, aber zwei Dinge sind sicher: Oberste und unterste Kartenhälfte sind die Hälften von D. Wenn also die oberste Kartenhälfte d beiseite gelegt wird, so liegt die Partnerhälfte ganz unten im Stapel aus 7 Hälften. Bei uns sind es die Hälften der Karo 10.

Die oberste wird verdeckt auf den Tisch gelegt, und nun können noch einige Aktionen folgen, bei denen die unterste an ihrer Stelle bleibt. In unserem Beispiel liegt also eine Hälfte der Karo 10 verdeckt auf dem Tisch, die andere Hälfte liegt ganz unten. Und oben liegt eine Hälfte der Herz 7 (da wir uns die nicht wesentlichen «Aktionen» für das Bild geschenkt haben).

Dann kann noch jeder, der möchte, keine, eine oder zwei Kartenhälften von oben wegwerfen.

Schritt 2: Jeder soll doch sieben Mal eine Kartenhälfte von oben nehmen und unter den Stapel legen. Was passiert da genau?

- Sind es sieben Karten, so ist der Stapel völlig unverändert. Diese Aktion hätte man sich also auch sparen können.

- Im Fall von sechs Karten ist nach sechs Mal «eine von oben nach unten» wieder der ursprüngliche Stapel entstanden. Wenn nun noch eine weitere von oben nach unten kommt, gelangt die letzte an die vorletzte Stelle, also an Position 5.
- Und bei fünf Karten ist der Stapel nach fünf Aktionen unverändert. Die zwei weiteren bewirken, dass die unterste Karte zwei nach oben wandert, also an Position 3.

Die Kartenhälften liegen also in allen Fällen so, wie es für das Under-down-Verfahren notwendig ist.

Angenommen, wir haben in unserem Beispiel *eine* Kartenhälfte von oben weggeworfen (die Hälfte der Herz 7). Es sind dann sechs Karten. Wenn wir dann sieben Mal eine Kartenhälfte von oben nach unten legen, gelangt die Hälfte der Karo 10 wie geplant an die vorletzte Stelle. Sie wird dann beim Under-down-Ausgeben von sechs Karten übrig bleiben und kann nahtlos an die auf dem Tisch liegende andere Hälfte angefügt werden (Bild 6.1.2).

Wie ist der Trick vorzubereiten? Die zu zerreißenden Karten (Bilder, Postkarten, …) müssen für dieses Kunststück geeignet sein. Sie sollen sich leicht zerreißen lassen, und der Riss muss quer (nicht schräg!) durch die Karte gehen: Die Kartenhälften müssen ungefähr rechteckig sein, die Laufrichtung des Papiers spielt hier eine wichtige Rolle. Also unbedingt: vorher ausprobieren!

Ich habe gute Erfahrungen mit preiswerten Spielkarten gemacht, und wenn auch nicht so kräftige Zuschauer zu erwarten waren, habe ich seitlich auf beiden Seiten einen kleinen Einschnitt (etwa ein Zentimeter) angebracht.

Was ist bei der Durchführung zu beachten? Bei der Durchführung ist wichtig, dass alle Schritte unmissverständlich erklärt werden. Es empfiehlt sich, dass der Zauberer alles mit einem eigenen Kartenstapel vormacht.

Die weggeworfenen Kartenhälften sollten nicht auf dem Tisch landen, um nicht mit der weggelegten Karte durcheinandergebracht zu werden, die doch am Ende eine wichtige Rolle spielen wird.

Wenn man das Kunststück abkürzen möchte, kann man den Teil «Keine, eine oder zwei Kartenhälften von oben wegnehmen» weglassen. Dann ist auch die Anweisung «Sieben Kartenhälften einzeln von oben nach unten legen» überflüssig.

Umgekehrt kann man eine Weile die Tatsache ausnutzen, dass man nur einen Stapel braucht, in dem die «Partnerin» zu der auf dem Tisch liegenden Kartenhälfte ganz unten in einem Stapel von sieben Kartenhälften liegt. Einige Male eine von oben irgendwo in die Mitte stecken, und jeder kann auch mit seinem Nachbarn die oberste Kartenhälfte tauschen.

Die Präsentation: Es hat sich gut bewährt, am Schluss die Aktion «Eine unter den Stapel, die nächste wegwerfen» von allen synchron auf Kommando des Zauberers durchführen zu lassen. Auch kann man am Schluss, wenn alle nur noch eine Karte in der Hand haben, einen starken Zauberspruch dafür sorgen lassen, dass die beiden Hälften zusammenpassen.

Varianten: Wer etwas mehr Zeit für die Vorbereitung investieren möchte, kann vier Motive zu beliebigen Themen ausdrucken. Zu beachten ist nur, dass das Papier später beim Reißen keine Probleme macht.

Die Anzahl sollte man nicht verändern. Nur im Fall von vier Karten und folglich acht Hälften kann die Anweisung «Wirf keine oder eine oder zwei Kartenhälften von oben weg» durchgeführt werden, sodass beim Down-under-Ausgeben immer die ehemals unterste Kartenhälfte übrig bleibt.

6.2
Australisch für Fortgeschrittene

Das Zauberkunststück: Ein Zuschauer bekommt bildoben vier Karten: Kreuz, Pik, Herz, Karo. Der Zauberer legt einen Vorhersageumschlag auf den Tisch und wendet sich dann ab.

Der Zuschauer soll die Karten nach Belieben zusammenlegen. Einzige Bedingung: Rot und Schwarz sollen sich abwechseln. Dann wird der Stapel zusammengeschoben und in die Hand genommen, er bleibt bildoben. Der Zuschauer darf noch einige Male abheben. Es könnte so aussehen wie in Bild 6.2.1.

Bild 6.2.1: Die Ausgangssituation.

Dreimal passiert dann Folgendes:
- Oberste Karte ansehen.
- So viele Karten einzeln von oben unter den Stapel legen, wie die Kartenfarbe Buchstaben hat (vier für Herz usw.).
- Die jetzt oberste Karte entfernen.

So entsteht zunächst ein Stapel von drei, dann einer aus zwei und am Ende einer aus einer Karte (Bild 6.2.2).

Am Ende ist eine übrig, die Kreuz-Karte. Der Zauberer kommt wieder dazu. Er öffnet den Umschlag, und da steht wirklich, dass er die richtige Vorhersage getroffen hat.

Bild 6.2.2: Drei Karten, zwei Karten, eine Karte.

Der mathematische Hintergrund: Es handelt sich um eine Variante des australischen Under-down-Ausgebens, das auch im vorigen Abschnitt eine wesentliche Rolle spielte. Da führt der Zuschauer mit einem in der Hand gehaltenen Kartenstapel doch die folgende Aktion durch: So lange «eine Karte von oben unter den Stapel legen, die nächste auf den Tisch», bis nur noch eine einzige Karte übrig ist. Hier sind aber mehrere einzeln unter den Stapel zu legen, bevor eine aussortiert wird.

Um den mathematischen Hintergrund besser herausarbeiten zu können, stellen wir uns einen bildoben gehaltenen Kartenstapel als Folge von Zahlen vor. (3, 5, 2, 1) soll dann zum Beispiel bedeuten, dass die oberste Karte den Wert 3 hat, die nächste den Wert 5 usw. (Hier gilt, dass ein Ass als 1 zählen soll. Bildkarten werden wir vorläufig nicht verwenden.) Und dann vereinbaren wir die folgende

> *Auslegevorschrift:* Lege so viele Karten einzeln von oben unter den Stapel, wie der Wert der obersten Karte angibt. Entferne die dann oben liegende Karte.
> Und das so oft, bis nur noch eine einzige Karte übrig ist.

(Das übliche Under-down-Ausgeben ergibt sich für einen Stapel, der nur Einsen enthält: (1, 1, ..., 1).)

Im Beispiel würde Folgendes passieren:
* Drei Karten einzeln nach unten, es entsteht (1, 3, 5, 2). Oberste weg, es bleibt (3, 5, 2).
* Drei Karten einzeln nach unten, es entsteht (wie vorher) (3, 5, 2). Oberste weg, es bleibt (5, 2).
* Fünf Karten einzeln nach unten,[1] es entsteht (2, 5). Oberste weg, es bleibt die 5 als letzte Karte.

Abgekürzt schreiben wir (3, 5, 2, 1) → (3, 5, 2) → (5, 2) → (5).

Wenn gleiche Zahlen auftreten, kann es sinnvoll sein, sie zu unterscheiden: Falls eine von ihnen übrig bleibt, weiß man, welche es war. So hätte man etwa

$$(1, 2, 1, 4) \to (1, 4, 1) \to (1, 1) \to (1);$$

doch *welche* der Einsen ist übrig geblieben? Besser ist daher die ausführlichere Schreibweise

$$(1, 2, 1', 4) \to (1', 4, 1) \to (1, 1') \to (1).$$

Es ist also die erste Eins.

Es ist in der Regel so, dass andere Zahlen überleben, wenn man die Zahlen zyklisch verschiebt (was ja bei Karten einem einfachen Abheben entspricht). So ist etwa (2, 3, 4) → (2, 3) → (3), aber (3, 4, 2) → (4, 2) → (2).

Hin und wieder kommt es aber vor, dass es einen «universellen» Überlebenden gibt. Man betrachte etwa die Reihenfolge (4, 3, 4, 5):

---

1) Das ist bei einem Zweierstapel gleichwertig dazu, als wenn es nur eine Karte wäre.

$(4, 3, 4, 5) \to (3, 4, 5) \to (4, 5) \to (5),$
$(3, 4, 5, 4) \to (3, 4, 5) \to (4, 5) \to (5),$
$(4, 5, 4, 3) \to (5, 4, 3) \to (5, 4) \to (5),$
$(5, 4, 3, 4) \to (3, 4, 5) \to (4, 5) \to (5).$

Übrigens überlebt die 5 auch, wenn man die Folge invertiert, also die Reihenfolge umkehrt: Beim Invertieren entsteht (5, 4, 3, 4), und das ist eine der zyklischen Verschiebungen.

Das kann man so zusammenfassen: Die Zahlenfolge (4, 3, 4, 5) hat die Eigenschaft, dass die 5 *immer* die letzte Karte beim Underdown-Verfahren ist; egal, wie oft man den Stapel vor dem Ausgeben abgehoben oder invertiert hat.

Wir werden später sehen, dass das auch bei anderen Zahlenfolgen vorkommt. Das wollen wir durch eine Kurzschreibweise ausdrücken, indem wir einfach ein «*» an die immer übrig bleibende Zahl machen. Wir wissen also schon: (4, 3, 4, 5*).

Durch diese Beobachtungen erklärt sich das am Anfang beschriebene Kunststück. Die Buchstabenanzahlen der schwarzen Karten Pik und Kreuz sind 3 und 5, die der roten Karten Herz und Karo beide 4. Wenn man also unter Beachtung der Regel «rote und schwarze Karten sollen sich abwechseln» einen Viererstapel zusammenstellt, so entsteht (4, 3, 4, 5) oder (4, 5, 4, 3) (wie in Bild 6.2.1) oder eine zyklische Verschiebung davon.

Wegen (4, 3, 4, 5*) wird die 5 – also die Kreuz-Karte – bei unserem Under-down-Ausgeben übrig bleiben. Und das auch dann, wenn vorher mehrfach abgehoben oder invertiert wurde.

Wie ist der Trick vorzubereiten? Es ist nicht viel zu tun: Man braucht je eine Karo-, Herz-, Kreuz- und Pik-Karte, und muss als Vorhersage den Namen der Pik-Karte in einem Umschlag deponieren.

Was ist bei der Durchführung zu beachten? Der Zauberer übergibt die vier Karten an einen Zuschauer. Er darf die vier Karten beliebig anordnen, aber «rote und schwarze Karten müssen sich abwechseln». Vorher hat der Zauberer seinen Prognoseumschlag auf den Tisch gelegt.

Nun kann der Zuschauer ganz nach Belieben so oft abheben, wie er möchte, oder auch die Reihenfolge invertieren, indem er die Karten einzeln auf den Tisch zählt.

Dann wird er über die Regel informiert, wie die Karten ausgegeben werden sollen: So viele Karten einzeln unter den Stapel, wie die Kartenfarbe Buchstaben hat. Dann die oberste weglegen. So werden aus vier erst drei und dann zwei Karten, und am Ende bleibt eine übrig.

Und die ist auch im Umschlag vorausgesagt worden.

Die Präsentation: Wichtig ist, dem Zuschauer klarzumachen, dass es «viele Möglichkeiten» gibt, durch Mischen und Invertieren einen Stapel entsprechend der Vorgaben herzustellen. (In Wirklichkeit gibt es zwar 24 Möglichkeiten, vier Karten in eine Reihe zu legen, doch nur bei 8 ist die Bedingung erfüllt, dass zwei rote nicht nebeneinanderliegen.)

Varianten: Es ist ohne Computerhilfe praktisch unmöglich, weitere geeignete Beispiele zu finden. Nachstehend findet man einige Ergebnisse entsprechender Rechnungen.

1. Hier sind Beispiele zu verschiedenen Kartenanzahlen. Ganz nach persönlichem Geschmack kann man einen Kompromiss finden: Je nach Größe der Zahlen in der Folge und der Anzahl der Karten dauert das Kunststück kürzer oder länger. Die Karten sind in der entsprechenden Reihenfolge dem Zuschauer zu übergeben. Er hat dann die Möglichkeit, beliebig oft anzuheben und zu invertieren. Und natürlich kann der Zauberer das Durcheinanderbringen durch Charliermischen und falsches Abheben unterstützen (Abschnitt «Lies mich!»).

Vier Karten (Bild 6.2.3):

(6, 5*, 6, 4), (10, 1, 4, 11*), (2, 5*, 8, 9), (6, 5*, 2, 7), (5*, 8, 3, 4).

Zahlen von 1 bis 13 kann man durch Spielkarten darstellen. Man muss nur vereinbaren, dass Ass, Bube, Dame, König für 1, 11, 12, 13 stehen.

Bild 6.2.3: (5*, 8, 3, 4), (10, 1, 4, 11*) und (2, 5*, 8, 9).

Fünf Karten (Bild 6.2.4):

(4, 1, 2, 11*, 2), (7*, 2, 4, 4, 12), (4, 2, 9*, 2, 4), (2, 4, 6, 2, 1*).

Bild 6.2.4: (7*, 2, 4, 4, 12) und (4, 2, 9*, 2, 4).

Sechs Karten (Bild 6.2.5):

(3, 1, 6, 12, 10, 11*), (9*, 4, 1, 8, 1, 4).

Bild 6.2.5: (3, 1, 6, 12, 10, 11) und (9*, 4, 1, 8, 1, 4).*

Sieben Karten (Bild 6.2.6):

(2, 11*, 3, 6, 6, 9, 7), (10, 1, 7, 6, 5, 11*, 2).

Bild 6.2.6: (2, 11, 3, 6, 6, 9, 7).*

Acht Karten:

(1, 6, 1, 8, 12, 11*, 10, 8), (4, 6, 11*, 4, 3, 6, 6, 4).

2. Hier noch ein Beispiel, bei dem man das gleiche Kunststück zweimal auf sehr unterschiedliche Weisen vorführen kann. Hier sind die zugehörigen Karten (Bild 6.2.7).

Erstens kann man die Kartenwerte zum Zählen berücksichtigen. Dann bleibt die Karo 5 beim Under-down-Verfahren übrig, und das auch nach Abheben und Invertieren (kurz: (4, 6, 5*, 6)).

Bild 6.2.7: Diese Karten sind doppelt verwertbar.

Zweitens kann man aber auch – wie bei dem am Anfang beschriebenen Kunststück – die Buchstabenlängen der Kartenfarben zum Zählen vorschreiben (4 für Karo usw.). Und dann wird die Kreuz 6 das Verfahren überstehen. (Wegen (4, 5*, 4, 3)).

Für dieses Kunststück könnte man einen Umschlag mit *zwei* Prognosen vorbereiten: Er enthält einen Zettel, auf der einen Seite steht Karo 5, auf der anderen Kreuz 6.

Dann werden die Karten dem Zuschauer übergeben, und er soll sie so zusammenlegen, dass sich rote und schwarze abwechseln. Er kann einige Male abheben und den Stapel auch invertieren, und dann kann er sich noch aussuchen, ob eher die Zahlen oder die Buchstabenlängen zählen sollen. Nach dem Under-down-Ausgeben wird entweder die Karo 5 oder die Kreuz 6 übrig bleiben. Der Prognoseumschlag muss beim Öffnen dann natürlich so gehalten werden, dass die richtige Voraussage zu lesen ist.

3. Ass bzw. Bube, Dame, König haben 3 bzw. 4, 4, 5 Buchstaben. Man kann das am Anfang beschriebene Kunstück also auch mit Bildkarten nachmachen. Man überreicht Ass, Bube, Dame, König, und der Zuschauer soll eine Reihenfolge zusammenstellen: Dabei dürfen weder Bube-Dame noch Ass-König zusammenliegen.

Dann folgt das Übliche: Abheben und invertieren nach Belieben, und dann das Under-down-Ausgeben, wobei diesmal die Länge der Worte verwendet wird (Ass ergibt 3, usw.)

Klar, dass der König übrig bleiben wird.

Ist die Reihenfolge egal?

Wenn man einen Kartenstapel mischt, so wird er doch durcheinandergebracht. Angenommen, es sind 7 Karten, die von oben nach unten mit 1, 2, 3, 4, 5, 6, 7 durchnummeriert sind. Es gibt eine Fülle von Mischvorgängen, hier einige Beispiele:
- Mischen 1: abheben nach der dritten Karte; es entsteht der Stapel 4, 5, 6, 7, 1, 2, 3.
- Mischen 2: abheben nach der zweiten Karte; diesmal entsteht 3, 4, 5, 6, 7, 1, 2.
- Mischen 3: drei Karten einzeln übereinander auf den Tisch zählen, den Rest drauflegen; so erhalten wir 4, 5, 6, 7, 3, 2, 1.
- Mischen 4: fünf Karten einzeln übereinander auf den Tisch zählen, den Rest drauflegen; es ergibt sich 6, 7, 5, 4, 3, 2, 1.

Das kann man auch mehrfach anwenden. Etwa:
- Erst Mischen 1, dann Mischen 2: Zunächst entsteht der Stapel 4, 5, 6, 7, 1, 2, 3, dann wird durch Mischen 2 diese Reihenfolge zu 6, 7, 1, 2, 3, 4, 5.
- Erst Mischen 2, dann Mischen 1: Zunächst wird die Reihenfolge 3, 4, 5, 6, 7, 1, 2 erzeugt, und nach Mischen 1 erhalten wir 6, 7, 1, 2, 3, 4, 5.
- Erst Mischen 3, dann Mischen 4: Mischen 3 ergibt die Reihenfolge 4, 5, 6, 7, 3, 2, 1, und wenn wir darauf Mischen 4 anwenden, entsteht 2, 1, 3, 7, 6, 5, 4.
- Erst Mischen 4, dann Mischen 3: Mischen 4 erzeugt den Stapel 6, 7, 5, 4, 3, 2, 1, und mit Mischen 3 wird daraus 4, 3, 2, 1, 5, 7, 6.

Es zeigt sich: Bei Mischen 1 und Mischen 2 ist es egal, welchen Mischvorgang wir zuerst anwenden: «Erst 1, dann 2» führt zum selben Ergebnis (nämlich 6, 7, 1, 2, 3, 4, 5) wie «Erst 2, dann 1». Das heißt: *Die Reihenfolge ist egal.*

Ganz anders ist es bei Mischen 3 und Mischen 4: «Erst 3, dann 4» führt zu einem anderen Ergebnis als «Erst 4, dann 3». Das heißt: *Hier ist die Reihenfolge wesentlich.*

Bei Mischverfahren ist es die ganz große Ausnahme, dass die Reihenfolge keine (oder fast keine) Rolle spielt. In den folgenden Abschnitten geht es um Verfahren, bei denen es so ist. Das muss natürlich gut versteckt sein, um für ein Zauberkunststück verwendet werden zu können.

In so gut wie allen Bereichen der Mathematik sind Operationen wichtig, bei denen es nicht auf die Reihenfolge ankommt. Ein wichtiges Beispiel ist die *Addition von Zahlen*: 3 + 4 ist die gleiche Zahl wie 4 + 3. Das gilt auch für die Multiplikation, *nicht aber für die Division*: 3/4 ist etwas anderes als 4/3. (Der Fachausdruck: Falls die Reihenfolge unwichtig ist, sagt man, dass das «Kommutativgesetz» gilt.)

Die Sprache ist übrigens – wie die Division – auch nicht kommutativ: *Spielfeld* ist etwas anderes als ein *Feldspiel*. (In anderen Sprachen ist es ähnlich. Zum Beispiel ist im Englischen ein *dog house* (Hundehütte) etwas anderes als ein *house dog* (Haushund), und im Französischen ist ein *gorge-rouge* ein Rotkehlchen, mit *rouge gorge* meint man aber einfach eine rote Kehle.)

7.1
Frau Colombinis Kunststück

Das Zauberkunststück: Ein Kartenstapel wird leicht aufgefächert und den Zuschauern gezeigt: Die 12 Karten 1, 2, ..., 10, *Bube*, *Dame* liegen bestens sortiert hintereinander (Bild 7.1.1).

Bild 7.1.1: Die Karten werden in perfekter Ordnung gezeigt.

Nun wird der Stapel bildunten gedreht. Er wird von der Zauberin durcheinandergebracht; dann macht der Zuschauer weiter, um für noch mehr Unordnung zu sorgen. Und das geht so. Auf dem Tisch liegen vier Zettel, die mit den Zahlen 2, 3, 4, 6 beschriftet sind.

Der Zuschauer sucht sich einen der Zettel aus, und wenn da die Zahl t draufsteht, macht er Folgendes: die zwölf Karten so austeilen, dass einzeln von links nach rechts t Karten auf den Tisch gelegt werden; darauf kommen die nächsten t Karten usw., bis alle Karten auf dem Tisch liegen. (Es werden t Stapel sein. Jeder enthält $12/t$ Karten, denn alle t sind Teiler von 12.)

Und dann folgt das Zusammenlegen: rechter Teilstapel nach unten, der links daneben liegende darüber usw., bis der letzte ganz nach oben kommt. (Dieses Verfahren soll das *t-Mischen heißen.*) Das macht er noch drei Mal mit den restlichen drei Zetteln; die

Reihenfolge kann er sich aussuchen, die dort stehende Zahl t wird für das t-Mischen verwendet.

Zwischendurch wird der Stapel bildoben aufgefächert und allen gezeigt (Bild 7.1.2): Erwartungsgemäß schreitet das Chaos unaufhaltsam fort!

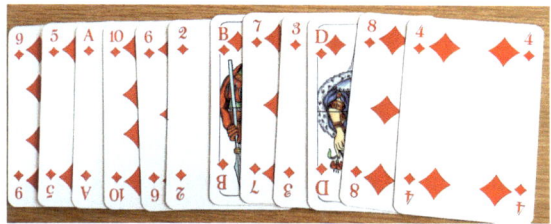

Bild 7.1.2: Das Chaos nimmt seinen Lauf!

Aber: Am Ende braucht die Zauberin nur einen Zauberspruch zu sprechen, und schon haben sich die Karten auf wundersame Weise sortiert, was alle nach Umdrehen des Stapels bestätigen können.
Der mathematische Hintergrund: Das Geheimnis dieses Kunststücks besteht darin, dass es bei den Mischverfahren des t-Mischens auf die Reihenfolge nicht ankommt und die Zauberin völlige Kontrolle über das Endergebnis hat. Das wollen wir nun analysieren. Wer das erst später nachlesen möchte, kann die weiteren Ausführungen überspringen und gleich bei der «Zusammenfassung der Ergebnisse» weiterlesen.

Im Hintergrund wird das *Kreisrechnen* eine wesentliche Rolle spielen. Das ist ja in mehreren Kapiteln dieses Buches von Bedeutung, die wichtigsten Fakten sind im Anhang 12.1 zusammengestellt.

A. Ein Beispiel: Das 4-Mischen
Als Beispiel betrachten wir das 4-Mischen. Um verfolgen zu können, wohin die Karten bei diesem Verfahren gelangen, num-

merieren wir sie von oben nach unten durch: 1, 2, 3, ..., 11, 12. Sie werden auf dem Tisch ausgelegt: vier Karten von links nach rechts, darauf die nächsten vier Karten und so weiter.

Dadurch sind 4 kleinere Stapel mit jeweils 3 Karten entstanden, das kann man sich so vorstellen:

$$\begin{array}{cccc} 9 & 10 & 11 & 12 \\ 5 & 6 & 7 & 8 \\ 1 & 2 & 3 & 4 \end{array}$$

Wenn man die Karten dann wie vorgeschrieben zusammenlegt (rechter Teilstapel nach unten usw.), so entsteht der folgende Stapel: Die Karten liegen von oben nach unten in der Reihenfolge

9, 5, 1, 10, 6, 2, 11, 7, 3, 12, 8, 4.

Das kann man sich in Bild 7.1.2 auch ansehen, das ist nach einmaligem 4-Mischen entstanden.

Aufgrund des Mischverfahrens ist klar:
- Oberste Karte ist nun diejenige, die ursprünglich als vierte von unten lag.
- Die unterste ist die ehemals vierte Karte.

Nun hatte die unterste Karte – die *erste* von unten – die Nummer 12, die *zweite* von unten die Nummer 11, also allgemein: Die k-te von unten hat die Nummer $13 - k$, insbesondere hat die nun oberste Karte die Nummer $13 - 4 = 9$. Um die Nummern der nächsten Karten zu erhalten, müsste man immer 4 abziehen: Nummer der zweiten Karte: $9 - 4 = 5$; Nummer der dritten Karte: $5 - 4 = 1$. Und jetzt? Wie soll man von 1 noch vier abziehen?

Da machen wir uns eine Eigenschaft des Kreisrechnens zunutze: Statt abzuziehen kann man auch addieren. (Begründet wird das im Anhang 12.1 unter «Fakten 1».) In unserem Fall ist egal, ob man 4 abzieht oder 9 = 13 − 4 addiert.

Es geht also so weiter: Statt von 1 die Zahl 4 abzuziehen, addieren wir die 9 und erhalten die 10, und wenn man das konsequent weitermacht, erhält man wirklich von oben nach unten die Zahlen 9, 5, 1, 10, ... in der richtigen Reihenfolge. Man musste nur folgende Regel beachten:

> Die jeweils nächste Karte ist die mit der um vier niedrigeren Nummer. Wenn das zu einer negativen Zahl führen würde, muss man 9 addieren.

Ganz analog ist es mit der Reihenfolge, wenn wir von unten anfangen.

> Die unterste Karte ist die mit der Nummer 4. Die jeweils nächste, von unten gesehen, erhält man dadurch, dass man entweder 4 addiert oder – wenn die Addition von 4 einen zu großen Wert liefern würde – 9 abzieht.

So ergibt sich wirklich die Reihenfolge, von unten aus gesehen: 4, 8, 12, 3, 7, ... Wenn man das allgemein formulieren und dabei die Notation des Kreisrechnens verwenden möchte, heißt das:
- Die k-te Karte von oben ist die mit der Nummer $9 \cdot k \bmod 13$.
- Die k-te Karte von unten ist die mit der Nummer $4 \cdot k \bmod 13$.

B. Das 4-Mischen bei anderer Nummerierung
Eben waren die Karten mit 1, 2, ..., 11, 12 nummeriert. Wenn andere Zahlen auf den 12 Karten draufstehen, muss man die Überlegungen nur anpassen:

– Die k-te Karte von oben ist diejenige, die ursprünglich an der Position $9 \cdot k \bmod 13$ lag.
– Die k-te Karte von unten ist diejenige, die ursprünglich an der Position $4 \cdot k \bmod 13$ lag.

Das wollen wir durch ein Beispiel illustrieren. Da sind die Karten so nummeriert: 2, 1, 4, 3, 6, 5, 8, 7, 10, 9, 12, 11.

Nach dem Auslegen zu 4 Teilstapeln liegen sie so:

10	9	12	11
6	5	8	7
2	1	4	3

und das Endergebnis ist der Stapel 10, 6, 2, 9, 5, 1, 12, 8, 4, 11, 7, 3 (siehe Bild 7.1.3).

Bild 7.1.3: Die andere Reihenfolge nach dem 4-Mischen.

Wirklich liegt oben diejenige, die vorher an der Position $13 - 4 = 9$ lag, und auch die anderen Aussagen lassen sich leicht verifizieren.

C. Das t-Mischen für beliebige t, andere Kartenanzahlen

Unsere Erkenntnisse sind nicht auf den Fall des 4-Mischens von 12 Karten beschränkt, die Überlegungen für den allgemeinen Fall sind völlig analog. Es gilt, wenn t ein Teiler von n ist, dass die Auswirkung des t-Mischens auf einen Stapel von n Karten wie folgt ist:

- Setze $b = (n + 1) - t$. Die k-te Karte von oben ist diejenige, die ursprünglich an der Position $b \cdot k \bmod (n + 1)$ lag.
- Die k-te Karte von unten ist diejenige, die ursprünglich an der Position $t \cdot k \bmod (n + 1)$ lag.

D. Finale: Die Reihenfolge ist egal!
Wir müssen die bisherigen Ergebnisse nur noch kombinieren, um zu zeigen, dass bei den t-Mischungen für verschiedene t die Reihenfolge egal ist.

Mal angenommen, dass t und s Teiler von n sind. Die Karten seien von oben nach unten mit $1, 2, \ldots, n$ durchnummeriert.

Nun gibt es zunächst ein s-Mischen. Dann hat die k-te Karte von unten die Nummer $k \cdot s \bmod (n + 1)$.

Es schließt sich ein t-Mischen an. Jetzt wird die oberste diejenige sein, die ursprünglich die t-te von unten war. Da müssen wir nur die vor wenigen Zeilen gefundene Formel für $k = t$ anwenden. Wir erhalten: Oben liegt jetzt die Karte, die ursprünglich an Position $t \cdot s$ lag. (Genauer $t \cdot s \bmod (n + 1)$.) Und allgemein: Die k-te von oben ist diejenige, die ursprünglich an der Stelle $k \cdot t \cdot s \bmod (n + 1)$ lag. Wenn man s und t vertauscht, so muss man $t \cdot s$ durch $s \cdot t$ ersetzen. Und da es beim Multiplizieren auf die Reihenfolge nicht ankommt, ist es egal, in welcher Reihenfolge t-Mischen und s-Mischen angewendet werden: Nach «zuerst t-Mischen, dann s-Mischen» und «zuerst s-Mischen, dann t-Mischen» werden die Karten in derselben Reihenfolge liegen.

Da das recht abstrakt war, folgt hier noch ein konkretes Beispiel mit $n = 12$, $t = 4$, $s = 6$. Der Ausgangsstapel ist mit $1, 2, \ldots, 11, 12$ durchnummeriert.

Ein 4-Mischen macht daraus den Stapel

$$9, 5, 1, 10, 6, 2, 11, 7, 3, 12, 8, 4.$$

Und wird darauf ein 6-Mischen angewendet, ergibt sich die Reihenfolge 11, 9, 7, 5, 3, 1, 12, 10, 8, 6, 4, 2.

Und nun umgekehrt: Das 6-Mischen erzeugt die Reihenfolge

$$7, 1, 8, 2, 9, 3, 10, 4, 11, 5, 12, 6.$$

Und das anschließende 4-Mischen führt auf

$$11, 9, 7, 5, 3, 1, 12, 10, 8, 6, 4, 2.$$

Das zeigt (wie ja schon allgemein begründet): «4-Mischen, dann 6-Mischen» führt hier zum selben Ergebnis wie «6-Mischen, dann 4-Mischen».

E. Mehr als zwei Mischvorgänge

Unsere Überlegungen kann man auf mehr als zwei Mischvorgänge verallgemeinern. Wie man zeigt, dass die Reihenfolge keine Rolle spielt, haben wir ja schon gesehen.

Um übersichtlich auf das Bezug nehmen zu können, was wir herausgefunden haben, gibt es nun eine

Zusammenfassung der Ergebnisse

Die Zahlen t_1, t_2, ..., t_r seien Teiler der Zahl n. Wenn ein Stapel, der aus n Karten besteht, von oben nach unten mit 1, 2, ..., n durchnummeriert ist, lässt sich Folgendes aussagen:

Fakt 1: Wenn nun t-Mischungen zu den Zahlen t_1, ..., t_r *in irgendeiner Reihenfolge* vorgenommen werden, wird das Ergbnis immer das gleiche sein: Die Reihenfolge spielt keine Rolle.

Und wie ist das Ergebnis?

Fakt 2:
Fall 1: Es ist eine gerade Anzahl von Mischvorgängen. Dann ist die oberste Karte die mit der Nummer $t_1 \cdot t_2 \cdots t_r \bmod (n+1)$ (wir nennen diese Zahl b), und die unterste ist die mit der Nummer $(n+1) - b$ (diese Zahl soll a heißen). Alle weiteren Karten können dann leicht identifiziert werden: von oben dadurch, dass immer wieder b addiert (und evtl. $n+1$ abgezogen) wird, und von unten dadurch, dass immer wieder a addiert (und evtl. $n+1$ abgezogen) wird.

Zur Illustration betrachten wir Bild 7.1.4. Da wurden ein 1-, ein 2-, ein 3- und ein 4-Mischen bei einem 12er-Stapel ausgeführt. Nun ist $1 \cdot 2 \cdot 3 \cdot 4 = 24 \equiv 11$. Und wirklich ist die oberste Karte der Bube, der die 11 repräsentiert. Und unten geht es mit der 2 los und dann von unten nach oben in Zweierschritten weiter.

Bild 7.1.4: Nach 1-, 2-, 3- und 4-Mischen.

Fall 2: Es ist eine ungerade Anzahl. Dann ist die unterste Karte diejenige mit der Nummer $t_1 \cdot t_2 \ldots t_r \bmod (n+1)$ (wir nennen diese Zahl a), und die oberste ist die mit der Nummer $(n+1) - a$ (diese Zahl soll b heißen). Alle weiteren Karten können dann leicht identifiziert werden: von oben dadurch, dass immer wieder b addiert (und evtl. $n+1$ abgezogen) wird, und von unten dadurch, dass immer wieder a addiert (und evtl. $n+1$ abgezogen) wird.

Für spätere Zwecke ergänzen wir noch etwas, was sich bei den bisherigen Untersuchungen immer nebenbei ergeben hat:

Fakt 3: Wenn die Karten am Anfang mit 1, 2, ..., n durchnummeriert waren und dann irgendwelche t-Mischungen durchgeführt wurden – egal, wie viele, und egal, in welcher Reihenfolge –, so gilt: Nummer der unteren Karte plus Nummer der oberen Karte ist gleich $n + 1$.

Für die gleich zu beschreibenden Zauberkunststücke, die auf diesen Tatsachen aufbauen, ist es sinnvoll, noch auf eine besondere Situation einzugehen.

Spezialfall: Mal angenommen, t ist ein Teiler von n und $s = n/t$. Auch s ist dann ein Teiler, und $s \cdot t = n$. Wenn wir nun das t-Mischen und dann das s-Mischen anwenden (oder umgekehrt), können wir in Fakt 2, Fall 1 ablesen, was passiert ist. Ganz oben wird die Karte $s \cdot t = n$ liegen, das ist die ursprünglich letzte Karte. Und ganz unten die Karte $(n + 1) - n$, die erste. Von unten nach oben geht es immer eins aufwärts, von oben nach unten eins abwärts: Anders ausgedrückt: Die Reihenfolge der Karten ist einfach gespiegelt worden, etwa so, als wenn man die Karten einzeln auf den Tisch gezählt hätte. Das sieht man in Bild 7.1.5, es hat vorher ein 3- und ein 4-Mischen gegeben.

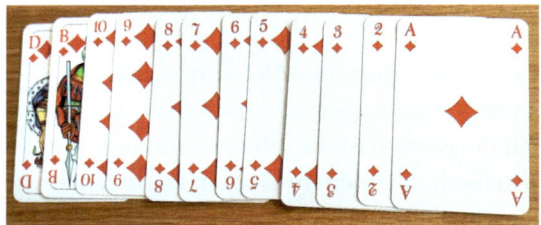

Bild 7.1.5: Nach 3- und 4-Mischen.

Und das kann man auch wiederholen: Wenn s', t' auch Teiler mit $s' \cdot t' = n$ sind und man mit s'-Mischen und t'-Mischen fortsetzt, wird die Reihenfolge noch einmal invertiert, die Karten liegen also in der ursprünglichen Reihenfolge. Das war die Grundlage für das am Anfang beschriebene Kunststück: Wenn man bei 12 Karten in irgendeiner Reihenfolge 2, 3, 4, 6-Mischen durchführt, hat sich an der Reihenfolge nichts geändert, denn $2 \cdot 6 = 3 \cdot 4 = 12$.

Wie ist der Trick vorzubereiten? Man muss sich eine Zahl n mit vielen Teilern aussuchen und so viele Karten in einer leicht wiedererkennbaren Reihenfolge vorbereiten. (Bei später zu besprechenden Varianten kann die Reihenfolge beliebig sein.)

Beispiel 1: Man wählt $n = 12$ und bereitet die Karo-Karten

$$1, 2, \ldots, 9, 10, \textit{Bube, Dame}$$

vor. (Bube und Dame repräsentieren die Zahlen 11 und 12.)

Bild 7.1.6: Das Kunststück mit 12 Karten.

Beispiel 2: Man wählt $n = 24$ und sucht die Karo- und Kreuz-Karten von 1 bis zur Dame heraus (Bild 7.1.7):

Bild 7.1.7: Das Kunststück mit 24 Karten.

Was ist bei der Durchführung zu beachten? Wir beschreiben hier zunächst die erste von vielen möglichen Varianten. Das ist die, die auch im einleitenden Kunststück vorgeführt wurde. Die Überschrift könnte sein: «Vom Chaos zur Ordnung».

Wir präsentieren das wie in Beispiel 1 vorbereitete Kartenspiel: 12 wohlsortierte Karten. Die fächern wir auf und zeigen sie bildoben (Bild 7.1.1).

Ab jetzt passiert aber alles bildunten. Es folgt das Durcheinanderbringen: mehrfaches Abheben, Falschmischen, Charliermischen (siehe Abschnitt «Lies mich!»): So viel, wie Sie für sinnvoll halten. Wichtig ist nur, dass es am Ende lediglich ein Abheben des Originalstapels gegeben hat.

Und nun sollen die Zuschauer weitermachen. Zu den Zahlen $t = 2, 3, 4, 6$ (das sind alle Teiler von 12) führen sie ein t-Mischen in beliebiger Reihenfolge durch. Wegen des Spezialfalls am Ende des Mathematikteils wissen wir, dass die Karten danach in derselben Reihenfolge liegen wie vor den t-Mischaktionen, also so, als wenn ein Stapel, der in der Reihenfolge 1, 2, …, 11, 12 liegt, einmal abgehoben worden wäre. Wir bringen den Wert der unteren Karte in Erfahrung, indem wir den Stapel egalisieren. Angenommen, wir sehen eine 3 (Bild 7.1.8).

Bild 7.1.8: Eine 3, es müssen also drei Karten einzeln von unten nach oben.

Unter Murmeln eines Zauberspruchs werden drei Karten einzeln von unten nach oben gelegt, und dann ergibt sich haargenau der gleiche Stapel wie der, der am Anfang präsentiert wurde. Das wird natürlich den Zuschauern gezeigt.

Die Präsentation: Das Motto des Kunststücks könnte «Das gebändigte Chaos» sein. Das kann man dadurch illustrieren, dass man zwischendurch zeigt, wie das Chaos schon seinen Lauf genommen hat. Doch Achtung: Es werden ja ein 2-, 3-, 4- und ein 6-Mischen in einer unvorhersehbaren Reihenfolge durchgeführt.

Die Zauberin sollte die Karten *nicht* nach zwei Mischvorgängen zeigen, wenn es ein 2- und 6-Mischen oder ein 3- und ein 4-Mischen waren, denn danach ist die Reihenfolge ja einfach nur invertiert. Am besten man zeigt alles nach dem ersten Mischvorgang, dann kann nichts passieren.

Varianten: Man kann sich selbst ein individuelles Zauberkunststück erzeugen. Wir bleiben bei 12 Karten. Zunächst sucht man sich irgendwelche Teiler, die auch mehrfach auftreten können: etwa 4, 4, 3 oder 2, 3, 4. Als Nächstes stellt man durch die Formeln des Mathematikteils oder einfach durch entsprechendes Mischen eines in perfekter Ordnung befindlichen Kartenstapels fest, welche Karte bei diesen Mischvorgängen als oberste erscheinen wird. Wir haben das für das 2-, 3- und 4-Mischen durchgeführt und festgestellt, dass danach die zweite Karte oben liegt.

Nun können wir uns 12 ganz beliebige Karten aussuchen, etwa so wie in Bild 7.1.9.

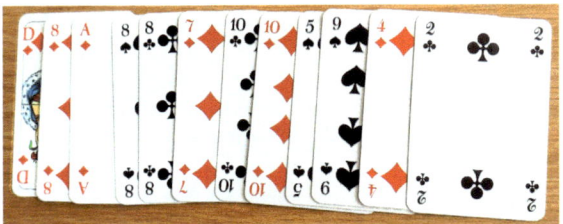

Bild 7.1.9: 12 beliebige Karten.

Wir wissen dann schon: Nach diesen drei Mischvorgängen in beliebiger Reihenfolge wird die Karo 8 oben liegen (Bild 7.1.10).

Bild 7.1.10: Erwartungsgemäß liegt die Karo 8 oben.

Deswegen könnte man eine Karo 8 aus einem anderen Spiel verdeckt auf den Tisch legen und am Ende die Übereinstimmung spektakulär ausnutzen.

Doch Achtung: Diesmal darf nicht wie im Originalkunststück abgehoben werden, es sind nur Operationen erlaubt, die die Reihenfolge nicht verändern (etwa falsches Abheben, siehe Abschnitt «Lies mich!»).

7.2
Von der Ordnung zum Chaos und wieder zurück

Im vorigen Kunststück (Abschnitt 7.1) war von Mischvorgängen die Rede, bei denen ein Kartenstapel zunächst chaotisch durcheinandergebracht wird, aber nach weiteren Mischaktionen wieder perfekt geordnet ist.

In diesem Abschnitt geht es um etwas Ähnliches. Bei den verwendeten Mischvorgängen ist die Reihenfolge allerdings nicht egal, aber doch «fast egal» (das wird gleich präzisiert). Und es gibt viel mehr Möglichkeiten, Beispiele zu finden.

Das Zauberkunststück: Neun Karten sind in perfekter Ordnung vorbereitet (Bild 7.2.1).

Bild 7.2.1: Die Ausgangssituation – perfekte Ordnung.

Ein Zuschauer und die Zauberin bringen ihn durcheinander. Die Karten werden zu einem Stapel zusammengeschoben, er wird bildunten gehalten. Der Zuschauer hebt ab, und der Stapel wird wieder zusammengelegt. Dann werden die neun Karten von der Zauberin auf zwei Teilstapel aufgeteilt: links-rechts-links-rechts und so weiter. (Der linke Teilstapel hat fünf, der rechte vier Karten.) Der Zuschauer entscheidet, welcher Teilstapel nach oben kommt, er kann dann noch einmal abheben.

Wie das Chaos seinen Lauf nimmt, wird dann gezeigt, indem die Karten kurz bildoben aufgefächert werden (Bild 7.2.2).

Bild 7.2.2: Zwischendurch: Das Chaos nimmt seinen Lauf.

Das Gleiche passiert (ohne die Karten bildoben zu zeigen) noch zweimal: Aufteilen auf zwei Stapel, Zuschauerentscheidung (welcher Stapel nach oben?), nochmaliges Abheben.

Der Stapel sollte nun noch viel mehr durcheinandergebracht worden sein, doch am Ende wird das Chaos durch einen Zauberspruch gebändigt. Die Karten werden aufgedeckt und haben sich wieder wie oben in Bild 7.2.1 perfekt sortiert.

Der mathematische Hintergrund: (Wer nur die im Kunststück geschilderte Version vorführen und das Verständnis des «Warum klappt das eigentlich?» vorläufig verschieben möchte, kann gleich zum Abschnitt «Vorbereitung» vorblättern.)

Die einfachste Mischoperation, die man mit einem Kartenstapel durchführen kann, ist sicher das *Abheben*. Einige Karten werden von oben abgenommen, der Reststapel kommt obendrauf.

Wenn man das mehrfach durchführt, ist die Reihenfolge sicher egal: erst k Karten, dann l Karten abheben, ist genauso, wie auf einmal $k + l$ Karten abheben.[1] Und wenn man zuerst l und dann k

---

1) Genau genommen ist das ein Fall für das Kreisrechnen: Wenn $k + l$ größer als die Kartenanzahl n ist, muss es $(k + l) n$ heißen.

Karten abhebt, kommt $l + k$ heraus, und das ist wegen $k + l = l + k$ das Gleiche.

So einfach ist es bei den allermeisten Mischvorgängen aber nicht: Ein Beispiel haben wir schon in der Einleitung zu diesem Kapitel kennengelernt. Doch manchmal ist es so: Da sind zwei Mischvorgänge M_1 und M_2, und «erst M_1, dann M_2» führt zu einem anderen Ergebnis als «M_2, dann M_1». Der Unterschied ist aber in diesem Fall einfach ein Abhebevorgang und kann in der Regel leicht ausgeglichen werden.

Es ist zu betonen, dass das recht selten ist. Hier beschreiben und analysieren wir derartige Mischvorgänge.

Unsere Themen:

A. «Theoretisches» Mischen durch Multiplikation.

B. Was ist davon durch wirkliches Mischen realisierbar?

C. Welche Sonderfälle sind für die Zauberei interessant?

Es sei vorausgeschickt, dass hier – wieder einmal – das *Kreisrechnen* eine Rolle spielt. Man sollte wissen, was n mod m bedeutet; das ist nur eine leichte Verallgemeinerung von Rechnungen, die man bei Wochentagen und Stunden kennt. Alles, was wir brauchen, findet sich in Anhang 12.1.

A. «Theoretisches» Mischen durch Multiplikation.

Wir haben einen Kartenstapel mit n Karten vor uns liegen. Wir werden alles für den Fall $n = 11$ erläutern. Die Karten nummerieren wir von oben nach unten durch, doch Achtung: Diesmal wird es günstig sein, beim Nummerieren mit der 0 anzufangen. Die Karten gehen also von 0 bis $n - 1$. Parallel zur Theorie wollen wir das visualisieren: Durch 11 Karten, die die Werte 0 bis 10 zeigen; dabei werden wir die Null durch einen Joker und die Eins durch ein Ass darstellen (Bild 7.2.3).

Bild 7.2.3: Die Visualisierung der Karten 0, 1, ..., 9, 10.

Nun zu den Mischvorgängen, die uns interessieren. Wir wählen Zahlen a und b, und dann wollen wir so mischen: Die Karte mit der Nummer x soll an die Position $ax + b$ wandern; wenn diese Zahl nicht in $0, ..., n-1$ liegt, soll $ax + b$ durch $(ax + b)$ mod n ersetzt werden. (Hier etwas konkreter für den Fall $n = 11$. Wo liegt denn jetzt im Fall $a = 2$, $b = 3$ die Karte mit $x = 3$, also die vierte von oben? Wir müssen $2 \cdot 3 + 3 = 9$ ausrechnen: Es ist also nun die zehnte, die vorletzte. Und was passiert im Fall $x = 6$? Es ist $2 \cdot 6 + 3 = 15$, modulo 11 ist das gleich 4 (die siebente Karte wird also die fünfte. Siehe auch das letzte der nachstehenden Beispiele.) Hier sind einige Beispiele:

$a = 1$, $b = 0$; $(0, 1, ..., 9, 10) \to (0, 1, 2, 3, 4, 5, 6, 7, 8, 9, 10)$;

da ist eigentlich nichts passiert, man spricht von der Identität.

$a = 1$, $b = 5$; $(0, 1, ..., 9, 10) \to (6, 7, 8, 9, 10, 0, 1, 2, 3, 4, 5)$;

hier wurden einfach 6 Zahlen abgehoben (Achtung: Wir haben bei Null angefangen zu zählen); das zeigt, dass der b-Anteil einem Abheben entspricht.

$a = -1$, $b = 0$; $(0, 1, ..., 9, 10) \to (0, 10, 9, 8, 7, 6, 5, 4, 3, 2, 1)$.

(Man sollte sich daran erinnern, dass $-k$ und $n-k$ übereinstimmen, wenn modulo n gerechnet wird: So ist ja auch vor zwei Tagen derselbe Wochentag wie in 5 Tagen, wenn das Rechnen modulo 7 gefragt ist.) Bis auf eine Verschiebung um Eins wurde die Reihenfolge gespiegelt.

$a = 2$, $b = 0$; $(0, 1, 2, \ldots, 9, 10) \to (0, 6, 1, 7, 2, 8, 3, 9, 4, 10, 5)$;

das ist etwas wirklich Neues, wir visualisieren es in Bild 7.2.4.

Bild 7.2.4: Der Mischvorgang $M_{2,0}$.

$a = 2$, $b = 3$; $(0, 1, \ldots, 9, 10) \to (4, 10, 5, 0, 6, 1, 7, 2, 8, 3, 9)$.

(Die Fälle $x = 3$ und $x = 6$ hatten wir oben als Beispiele betrachtet.)

Wir wollen die zu a, b gehörige Mischoperation $M_{a,b}$ nennen. Es ist dann bemerkenswert, dass bei zwei Mischungen dieses Typs die Reihenfolge «fast egal» ist: Der Unterschied besteht darin, dass eventuell einmal abgehoben werden muss.

Begründung: Wir betrachten $M_{a,b}$ und $M_{c,d}$. Was passiert bei «zuerst $M_{a,b}$, dann $M_{c,d}$»? Aus einem x wird zunächst $ax + b$ und dann $c(ax+b) + d$, d. h. $cax + cb + d$. Und bei «zuerst $M_{c,d}$, dann $M_{a,b}$»? Da verwandelt sich x erst in $cx + d$ und dann in $a(cx + d) + b = acx + ad + b$. Kurz: Der Multiplikationsanteil ist wegen $ac = ca$ gleich $(x \to acx)$, es wird evtl. nur etwas anderes addiert, was unterschiedlichen Abhebevorgängen entspricht. Und der Unterschied zwischen zwei Abhebevorgängen ist auch ein Abheben. (Wenn einmal 2 und einmal 6 abgehoben werden, so beträgt der Unterschied das Abheben von 4 Karten.)

B. Was ist davon durch wirkliches Mischen realisierbar?

Für die Zauberei sind natürlich nur solche Mischvorgänge interessant, die «von Hand» schnell umgesetzt werden können, und das ist für die meisten $M_{a,b}$ nicht der Fall. Wir betrachten *zwei Beispiele*, für die es doch geht.

Zusammenlegen von rechts. Es soll c ein Teiler von $n-1$ sein, in unserem Fall also ein Teiler von 10: Wir entscheiden uns für $c = 5$. Die Zahl a ist als $(n-1)/c$ definiert, bei uns wäre $a = 2$. Vom Stapel mit n Karten werden c Karten einzeln von links nach rechts auf den Tisch geblättert, darauf kommen wieder c Karten usw. So entstehen c Teilstapel: Die haben jeweils a Karten, bis auf den ersten, der hat $a + 1$ Karten.

Lege die Teilstapel zusammen: Rechter Teilstapel nach unten, darauf der links daneben liegende usw. Dieses Mischverfahren soll R_c genannt werden (das «R» soll an «rechts» erinnern, da wir mit dem Zusammenlegen rechts anfangen).

Behauptung: R_c ist genau das Verfahren $M_{a,a}$.

Mit allgemeinen Zahlen ist das etwas schwerfällig zu lesen, hier soll die Diskussion eines Beispiels genügen. Wir bleiben bei $n = 11$, $c = 5$, $a = 2$. Nach dem Auslegen in 5 Teilstapel sind doch die Zahlen 0, 1, 2, 3, 4, 5, 6, 7, 8, 9, 10 so aufgeteilt:

```
        10
 5   6   7   8   9
 0   1   2   3   4
```

Und wenn wir jetzt vorschriftsmäßig zusammenlegen (rechter Teilstapel nach unten usw.), hat sich die Reihenfolge (10, 5, 0, 6, 1, 7, 2, 8, 3, 9, 4) ergeben. Die hätten wir auch bekommen, wenn wir $M_{2,2}$ auf (0, 1, ..., 10) angewendet hätten.

Zusammenlegen von links. Diesmal soll c ein Teiler von $n + 1$ sein, in unserem Fall also ein Teiler von 12: Wir wählen $c = 3$. Die Zahl a ist als $(n + 1)/c$ definiert, bei uns wäre $a = 4$. Vom Stapel mit n Karten werden wieder c Karten einzeln von links nach rechts auf den Tisch geblättert, darauf kommen wieder c Karten von links nach rechts usw. So entstehen c Teilstapel: Die haben jeweils a Karten, bis auf den letzten, der hat nur $a - 1$ Karten.

Lege die Teilstapel zusammen: Linker Teilstapel nach unten, darauf der rechts daneben liegende usw. Dieses Mischverfahren soll L_c genannt werden (das «L» soll an «links» erinnern, da wir mit dem Zusammenlegen links anfangen).

Behauptung: L_c ist genau das Verfahren $M_{n-a,n-1}$.

Wir zeigen es wieder nur für unser Beispiel: $n = 11$, $c = 3$, $a = 4$. Nach dem Auslegen in 3 Teilstapel sind doch die Zahlen 0, 1, 2, 3, 4, 5, 6, 7, 8, 9, 10 so aufgeteilt:

```
 9  10
 6   7   8
 3   4   5
 0   1   2
```

Nun legen wir vorschriftsmäßig zusammen (linker Teilstapel nach unten usw.), auf diese Weise erhalten wir (8, 5, 2, 10, 7, 4, 1, 9, 6, 3, 0).

Das hätte sich auch ergeben, wenn wir $M_{7,10}$ auf (0, 1, ..., 10) angewendet hätten.

C. Welche Sonderfälle sind für die Zauberei interessant?

Wir wollen die Kombination bestimmter Mischvorgänge des Typs $M_{a,b}$ für die Zauberei ausnutzen. Wir haben schon gesehen:

- Der a-Anteil ist der wesentliche; der b-Anteil steht nur für einfaches Abheben.
- Beim Hintereinanderausführen multiplizieren sich die a-Anteile.
- Besonders einfach sind die Fälle $a = 1$ (die Reihenfolge bleibt im Wesentlichen erhalten) und $a = n - 1$ (die Ordnung wird im Wesentlichen invertiert).
- Durch «konkretes» Mischen lassen sich diejenigen a erzeugen, die sich aus Teilern von $n - 1$ oder $n + 1$ ergeben.

Deswegen ist es naheliegend zu versuchen, Teiler von $n - 1$ und $n + 1$ so zu kombinieren, dass das Produkt (modulo n) gleich Eins oder minus Eins ist.

Ein Beispiel für 9 Karten: Es ist $4 \cdot 4 \cdot 4 = 64 = 1 \mod 9$. Folglich ist dreimal ein $M_{a,b}$ mit $a = 4$ anzuwenden (b ist dabei unwesentlich), am Ende ist dann – bis auf ein mögliches Abheben – der Ausgangszustand wiederhergestellt.

Nun gehört zu dem $a = 4$ das $c = 2$, und wenn man gemäß R_2 mischt, wird ja $M_{4,4}$ erzeugt. Und da gibt es noch eine kleine Besonderheit: R_2-Mischen heißt ja eigentlich, dass zunächst links-rechts usw. auszulegen ist und dann der linke Teilstapel auf den rechten kommt. Es macht aber nichts aus, wenn man es umgekehrt macht, also den rechten auf den linken legt; denn die eine Art kann in die andere durch einfaches Abheben überführt werden, und das ist ja für unsere Zwecke irrelevant. Wir fassen zusammen:

> Ein Stapel von 9 Karten soll in einer wiedererkennbaren Reihenfolge liegen. Wenn man dann dreimal R_2-Mischen durchführt (wobei es ausnahmsweise egal ist, wie die Teilstapel aufgenommen werden) und zwischendurch beliebig abhebt, so ist der Stapel wieder in der ursprünglichen zyklischen Reihenfolge. Das bedeutet, dass ein einziges Abheben genügen würde, um ihn in die Ausgangslage zurückzubringen.

Wie ist der Trick vorzubereiten? Für das am Anfang beschriebene Kunststück muss man nur 9 Karten in einer wiedererkennbaren Reihenfolge vorbereiten. Etwa so wie in Bild 7.2.1.

Was ist bei der Durchführung zu beachten? Die neun Karten werden bildoben gezeigt, indem der Stapel leicht aufgefächert wird. Dann werden die Karten zusammengeschoben und bildunten gehalten, und nun beginnt das Durcheinanderbringen. Der Zuschauer kann (auch mehrfach) abheben, und die Zauberin kann das durch Charliermischen und Falschabheben ergänzen (siehe Abschnitt «Lies mich!»). Es geht weiter wie am Anfang dieses Abschnitts beschrieben: Dreimal

- Auslegen zu zwei Teilstapeln;
- der Zuschauer entscheidet, welcher Teilstapel nach oben kommt;
- der Zuschauer hebt noch einmal ab.

Nach dem ersten oder zweiten Duchgang fächert die Zauberin den Stapel bildoben kurz auf, und alle sehen, wie chaotisch es schon geworden ist.

Und nun das Finale. Die Zauberin weiß ja, dass die Karten bis auf ein mögliches Abheben in der ursprünglichen Reihenfolge liegen. Sie möchte die Karten aber in der Ausgangsordnung zeigen. Dazu gibt es zwei Möglichkeiten:

Möglichkeit 1: Sie stellt zunächst unauffällig beim Egalisieren des Stapels fest, welche Karte unten liegt. Wenn es etwa eine 4 ist und am Anfang die Reihenfolge *Ass*, 2, 3, 4, 5, 6, 7, 8, 9 war, weiß sie, dass die Reihenfolge nun 5, 6, 7, 8, 9, *Ass*, 2, 3, 4 ist. Sie murmelt einen Zauberspruch und legt 4 Karten einzeln von unten nach oben. (Sollte sie eine 8 sehen, wäre es natürlich besser, eine einzige Karte von oben nach unten zu legen statt 8 Karten von unten nach oben.)

Möglichkeit 2: Sie hält den Stapel bildunten, nimmt die Karten einzeln von oben und legt sie bildoben zu einem Kreis aus neun Karten aus. Die erste Karte, die sie aufnimmt, wird dabei so gelegt, dass am Ende ein Kartenkreis entsteht, bei dem das Ass oben liegt (Bild 7.2.5).

Sollte also zum Beispiel die erste Karte eine 3 sein, kommt sie an die Stelle, wo in Bild 7.2.5 die Drei liegt. Sollte man Möglichkeit 2 favorisieren, könnte man die Karten auch zu Beginn der Präsentation schon als Kreis vorgestellt haben.

Die Präsentation: Nach einer Einleitung zum Thema «Chaos» wird angekündigt, dass gleich demonstriert werden werden soll, dass es manchmal mit Hilfe der Zauberei gebändigt werden kann. Wichtig ist zu zeigen, dass es wirklich entstanden ist, indem man den Stapel vor der dritten Mischrunde bildoben zeigt.

Varianten: Im diesmal recht umfangreichen mathematischen Teil hatten wir zwei Mischoperationen für einen Stapel aus n Karten eingeführt, die erst jetzt wirklich gebraucht werden:

Bild 7.2.5: Die perfekte Ordnung als Kreis.

– Ist c ein Teiler von $n - 1$, so mache Folgendes: c Karten einzeln von links nach rechts auf den Tisch legen, die nächsten c Karten obendrauf usw. Dann zusammenlegen: *rechter* Teilstapel nach unten, der links daneben kommt darüber und so weiter. Das soll das R_c-*Mischen* genannt werden.

– Ist c ein Teiler von $n + 1$, so befolge man diese Anweisung: c Karten einzeln von links nach rechts auf den Tisch, legen die nächsten c Karten einzeln obendrauf usw. Dann zusammenlegen: *linker* Teilstapel nach unten, der rechts daneben kommt darüber und so weiter. Das soll das L_c-*Mischen* genannt werden.

1. Variationen des Originalkunststücks. Der Ablauf ist immer der gleiche. Zunächst bereitet man eine gewisse Anzahl von Karten in einer wiedererkennbaren Reihenfolge vor. Dann wird eine Reihe von Mischoperationen des Typs R_c oder L_c in einer vom Zuschauer frei zu wählenden Reihenfolge vorgenommen, und es darf zwischendurch immer wieder abgehoben werden. Und am Ende liegen die Karten beinahe in der Originalreihenfolge, es fehlt eventuell nur ein Abhebevorgang.

1a: Das Originalkunststück ist dadurch charakterisiert: 9 Karten, Mischvorgänge R_2, R_2, R_2. (Da die Mischvorgänge gleich sind, ist es nicht sinnvoll, hier eine «frei wählbare Reihenfolge» anzukündigen.)

Warum klappt das? Das liegt daran, dass $4 \cdot 4 \cdot 4 \bmod 9 = 63 \bmod 9 = 1$ und $(9 - 1)/4 = 2$ gilt; siehe den mathematischen Teil.

1b: Erste Variante Wieder nehmen wir 9 Karten, diesmal wird aber R_2, R_2, R_4, R_4 in irgendeiner Reihenfolge durchgeführt.

Warum klappt das? Es geht um die Teiler 2 und 4 von $9 - 1 = 8$. Wenn man 8 dadurch teilt, entstehen die Zahlen 4 und 2. Und das Kunststück funktioniert, weil $2 \cdot 2 \cdot 4 \cdot 4 \bmod 9 = 1$. Hätte man nur zweimal mischen lassen, einmal mit R_2 und einmal mit R_4, so würden die Karten danach (bis auf einmaliges Abheben) in gespiegelter Reihenfolge liegen.

Wenn man das vorführen möchte, kann man sie am Ende im Gegenzeigersinn auslegen, um das gebändigte Chaos zu demonstrieren.

1c: Zweite Variante Noch einmal nehmen wir 9 Karten, diesmal wird aber L_2, L_5 in irgendeiner Reihenfolge durchgeführt.

Warum klappt das? Es geht um die Teiler 2 und 5 von $9 + 1 = 10$. Wenn man 10 dadurch teilt, entstehen die Zahlen 5 und 2. Und das Kunststück funktioniert, weil $(-2) \cdot (-5) \bmod 9 = 1$.

1d: Die allgemeine Version von 1b Die Zahl n sei so gewählt, dass $n - 1$ keine Primzahl ist. Wähle Teiler c, c' mit $c \cdot c' = n - 1$. Dann lässt man R_c, R_c, $R_{c'}$, $R_{c'}$ in irgendeiner Reihenfolge durchführen.

Warum klappt das? (Siehe in 1b.)
1e: Dritte Variante Jetzt sind 13 Karten beteiligt. Für die Vorführung kann man die Karten einer Farbe in einem Bridgespiel vorbereiten:

Zum Beispiel *Ass*, 2, ..., 10, *Bube, Dame, König* als Karo-Karten. Es wird R_6, L_7, R_4 in irgendeiner Reihenfolge durchgeführt, um das Chaos zu bändigen.

Warum klappt das? Es liegt letztlich an $2 \cdot (-2) \cdot 3 \mod 13 = 1$; Details findet man im Mathematikteil.

2. Eine ganz andere Möglichkeit, das Verschwinden des Chaos auszunutzen.

Ein Zuschauer bereitet einen kleinen Stapel aus 9 Karten vor und nimmt eine an sich: Nur er und eventuell das Publikum kennt sie.

Der Zauberer nimmt – unter dem Vorwand, den Stapel zu egalisieren – die restlichen 8 Karten, sieht sich unauffällig die unterste Karte an und legt den Stapel auf den Tisch.

Der Zuschauer legt seine Karte auf diesen Stapel und hebt einmal ab. Der Zauberer weiß dann: Die Zuschauerkarte liegt direkt hinter der Karte, die er sich selbst gemerkt hat.

Wenn nun das passiert, was hier durch mehrere Beispiele illustriert wurde, dass nämlich nach scheinbarem Gang ins Chaotische die Karten in der gleichen zyklischen Ordnung liegen wie vorher, so liegt die Zuschauerkarte immer noch direkt hinter der Zaubererkarte und kann folglich leicht identifiziert werden.

Hier folgt ein Beispiel. Der Zauberer hat unten die Herz 3 gesehen. Dann weiß er, dass nach dem Abheben die Zuschauerkarte direkt dahinter liegen wird. Wenn nun vorübergehend Chaos einkehrt und danach die gleiche zyklische Ordnung wiederhergestellt ist, wird das immer noch stimmen. Wenn er das Blatt also bildoben auffächert, so weiß er, dass der Zuschauer die Pik 7 hatte (Bild 7.2.6).

Bild 7.2.6: Der Zuschauer hatte die Pik 7.

(Wir erinnern daran, dass mit «oben» diejenige Karte gemeint ist, die oben liegt, wenn der Stapel bildunten gehalten wird. Hier ist also die Karo 4 die oberste Karte, und direkt hinter der Herz 3 liegt die Pik 7 und nicht die Karo 9.)

7.3
Das Labyrinth

Das Zauberkunststück: Der Zauberer kündigt an, dass er in der Lage ist, das Ziel des Weges in einem komplizierten Irrgarten vorauszusagen, der von den Zuschauern selbst zusammengestellt wurde.[1]

Genauer ist es so. Der Zauberer zeigt einige «Irrgartenkarten» die er gleich aushändigen wird (Bild 7.3.1).

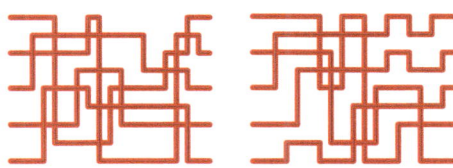

Bild 7.3.1: Einige Irrgartenkarten.

Außerdem gibt es eine Startkarte und eine Zielkarte (Bild 7.3.2).

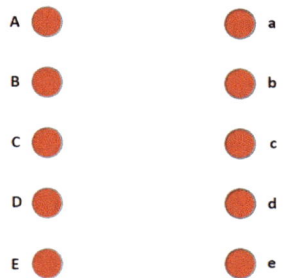

Bild 7.3.2: Startkarte und Zielkarte.

---

1) Genau genommen wird es nicht um «Irrgärten» gehen, bei denen es ja auch viele Weggabelungen gibt. Hier sind es verschlungene Wege.

Die Aufgabe: Start- und Zielkarte werden auf dem Tisch so ausgelegt, dass noch vier Irrgartenkarten dazwischenpassen. Die Zuschauer sollen sich für eine der Startpositionen entscheiden, die wird markiert. Sie wollen zum Beispiel bei «B» starten. Und der Zauberer wird versuchen, allein durch Gedankenkraft vorauszusehen, auf welchem Zielfeld ein bei dem Zuschauerstartfeld B beginnender Weg enden wird. Und das, bevor die Kärtchen ausgelegt wurden!

Der Zauberer schreibt seine Prognose auf einen Zettel, der umgedreht auf den Tisch gelegt wird. Die Zuschauer bekommen ihre vier Irrgartenkarten und können sie ganz beliebig zu einem persönlichen Irrgarten kombinieren. Sie dürfen die Karten auch um 180 Grad drehen, und der Zauberer betont, dass auf diese Weise $2 \cdot 2 \cdot 2 \cdot 2 \cdot 4 \cdot 3 \cdot 2 \cdot 1 = 384$ verschiedene Irrgärten erzeugt werden können.

Nach einigen Diskussionen kommt der folgende Irrgarten zustande, der zwischen Start- und Zielkarte ausgelegt wird (Bild 7.3.3; Start- und Zielkarte sind aus Platzgründen hier weggelassen). Ein Zuschauer fährt mit dem Finger von B aus den durch den Irrgarten vorgegebenen Weg von der Startkarte zur Zielkarte nach. Er endet bei der dritten Position von oben, beim c.
Und das stimmt mit der Voraussage des Zauberers überein, wie sich nach dem Umdrehen seines Prognosezettels zeigt.

Bild 7.3.3: Der Irrgarten.

Der mathematische Hintergrund: Insgesamt gibt es fünf Irrgartenkarten, die wir mit I_0, I_1, I_2, I_3, I_4 bezeichnen: siehe Bild 7.3.4.

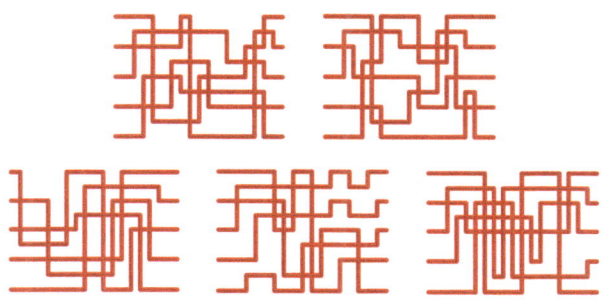

Bild 7.3.4: Die fünf Irrgartenkarten I_0, I_1, I_2, I_3, I_4.

Jede einzelne enthält fünf Pfade, die von einer der fünf Anfangspositionen links zu einer der fünf Endpositionen rechts gehen. Und der Irrgarten entsteht dadurch, dass durch Aneinanderlegen fünf Pfade von ganz links nach ganz rechts gehen.

Betrachten wir etwa I_1. Wenn man links ganz oben startet, führt der Pfad nach rechts zum zweiten Pfad von oben. Das ist für die verschiedenen Karten und Startpunkte – natürlich absichtlich – gut versteckt.

Um das Prinzip des Kunststücks besser zu verstehen, sind im nächsten Bild 7.3.5 vereinfachte Darstellungen der Irrgartenkarten

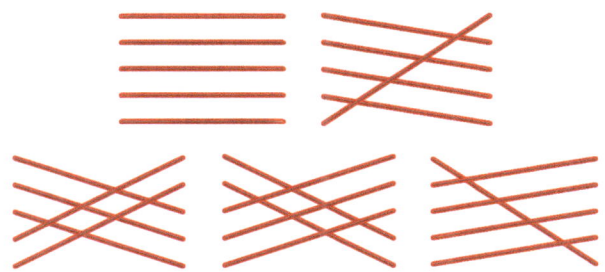

Bild 7.3.5: Die fünf auf das Wesentliche reduzierten Irrgartenkarten.

abgebildet: Da führen einfach gerade Linien von der Startposition links zur Endposition rechts.

Und daran kann man sehen, dass die Irrgartenkarten einige bemerkenswerte Eigenschaften haben:

Eigenschaft 1: Sie sind recht einfach aufgebaut. Bei I_0 passiert überhaupt nichts. Bei I_1 wird der nächste Punkt angesteuert. Das ist aber *zyklisch* zu verstehen: Punkt 1 geht zu Punkt 2, Punkt 2 zu Punkt 3, Punkt 3 zu Punkt 4, Punkt 4 zu Punkt 5, Punkt 5 aber zu Punkt 1. Anders ausgedrückt: I_0 bewirkt, dass *um einen Punkt zyklisch weiter* gegangen wird. Entsprechend geht es bei I_2 um *zwei Punkte zyklisch weiter*, und bei I_3 (drei Punkte zyklisch weiter) und bei I_4 (vier Punkte zyklisch weiter) ist es entsprechend.

Eigenschaft 2: Wenn man einige dieser Irrgartenkarten nebeneinanderlegt und den dadurch erzeugten Gesamtweg betrachtet, so ist der unabhängig von der Reihenfolge des Aneinanderlegens. Nehmen wir zum Beispiel I_2 und I_4. Da ist es doch egal, ob man «zuerst zwei Punkte weiter, dann vier Punkte weiter» oder «zuerst vier Punkte weiter, dann zwei Punkte weiter» geht, denn $2 + 4 = 4 + 2$. (Das ist zyklisch zu lesen: Da $6 = 1 \mod 5$ ist, geht es in Wirklichkeit nur einen Schritt weiter.)

Eigenschaft 3: Wenn man die Karten in Gedanken (oder wirklich) um 180 Grad dreht, sind sie identisch mit dem Original. (Das stimmt für die Irrgartenkarten natürlich nicht, da es aber für die «reduzierten» Karten gilt, bewirken originale und gedrehte Irrgartenkarte die gleiche Wegführung.)

Eigenschaft 4: Wenn man alle fünf Irrgartenkarten nebeneinanderlegt, geht es doch jeweils insgesamt um 0 Punkte, dann 1 Punkt, dann 2 Punkte, dann 3 Punkte und schließlich 4 Punkte zyklisch weiter, also insgesamt um $0 + 1 + 2 + 3 + 4 = 10$ Punkte. Da $10 = 0 \mod 5$, enden alle Wege an ihrem Startpunkt.

Nun nehmen wir nur vier Karten, als Beispiel lassen wir einmal

I_2 weg. Dann fehlen dem Gesamtweg 2 Punkte, um wieder am Zielpunkt anzukommen. Anders ausgedrückt: Startet man irgendwo, so endet der Gesamtweg – zyklisch gesehen – zwei Punkte oberhalb des Startpunkts: Start am untersten Punkt endet beim dritten von unten, Start beim ersten Punkt endet beim vorletzten usw.

Schlussbemerkung: Im Grunde sind Irrgartenkarten nur verkleidete *Permutationen*: Die Anfangspunkte werden umsortiert. So macht I_1 aus der Punkt-Reihenfolge (1, 2, 3, 4, 5) die Reihenfolge (2, 3, 4, 5, 1), und durch I_4 wird (1, 2, 3, 4, 5) in (5, 1, 2, 3, 4) verwandelt.

Umgekehrt kann man jede Permutation durch so eine Karte darstellen. Zum Beispiel repräsentiert die zweite Karte im nachfolgenden Bild 7.3.6 die Vorschrift, die ersten beiden Elemente zu vertauschen, also (1, 2, 3, 4, 5) in (2, 1, 3, 4, 5) überzuführen.

Es ist nun zu betonen, dass die eben beschriebenen Eigenschaften unserer Irrgartenkarten die ganz große *Ausnahme* für Permutationen sind. Betrachte dazu (die reduzierte Version von) I_1 und die eben schon genannte Permutation in Bild 7.3.6.

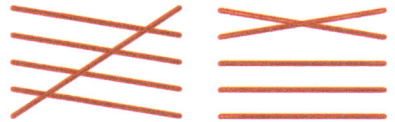

Bild 7.3.6: Keine Vertauschbarkeit, und die zweite Permutation ist nicht rotationsinvariant.

Legt man die nebeneinander, so spielt die Reihenfolge sehr wohl eine Rolle: Liegt die erste Karte aus dem Bild links und die zweite rechts, so wandert der linke obere Punkt zunächst eins hinunter und dann wieder hinauf, er liegt also unverändert oben. Ist es dagegen umgekehrt, so wandert er zunächst auch hinunter, aber dann weiter an Position 3 von oben. Kurz: Eigenschaft 2 ist im Allgemeinen nicht zu erwarten.

Und wenn man die rechte Irrgartenkarte um 180 Grad dreht, entsteht etwas völlig anderes: Sie vertauscht nun nicht mehr die Punkte 1 und 2, sondern die Punkte 4 und 5. Also ist Eigenschaft 3 ebenfalls verletzt.

Wie ist der Trick vorzubereiten? Man braucht natürlich die Irrgartenkarten I_0, I_1, I_2, I_3, I_4 vom Beginn des mathematischen Teils sowie Start- und Zielkarte. Die können Sie selbst in beliebiger Größe herstellen oder aus diesem Buch kopieren. Für das Vorbereiten der Karten reicht ein dicker Filzer, man kann aber auch farbige Streifen aufkleben. Die Irrgärten sollten so verwickelt sein, dass man das Schema nicht sofort erkennt, aber auch nicht so kompliziert, dass es unklar ist, welcher Weg gemeint ist.

Achten Sie darauf, dass alle gleich breit sind und dass sie die Wege links und rechts bis zum Rand gehen: Beim Zusammenlegen soll ja ein durchgehender Weg entstehen. Und auf den Karten sollte es unauffällige Hinweise geben, um welche der I_0, ... es sich handelt: denn das ist ja für die Vorführung wesentlich.

Was ist bei der Durchführung zu beachten? Start- und Zielkarte werden so ausgelegt, dass dazwischen genau vier Irrgartenkarten Platz haben, der Zauberer hat sich entschieden, welche der fünf Karten er zurückhalten wird. (Wenn man das Kunststück mehrfach vorführt, sollte es nicht immer die gleiche sein.) Er zeigt einige der Karten und erklärt die Aufgabe: Die Zuschauer sollen einen eigenen Irrgarten herstellen. Sie sollen ein Startfeld bestimmen, und er wird dann voraussagen, wo ihr Weg enden wird.

Das Startfeld wird genannt, der Zauberer schreibt seine Voraussage auf einen Zettel: Wenn er Karte I_k zurückhalten wird, dann ist die Voraussage: Von der Zuschauerstartposition zyklisch k Positionen nach oben. (Angenommen die Zuschauer wollen bei «C» starten und die Karte I_1 soll zurückgehalten werden. Dann lautet die Prognose «b». Bei Start in «A» würde die Voraussage «e» lauten.)

Die Zuschauer entwerfen ein Labyrinth, Karten dürfen dabei auch um 180 Grad gedreht werden. Dann fahren sie mit dem Finger von ihrer Startposition ins Ziel.

Es folgt die große Überraschung: Die Zielposition wurde vom Zauberer richtig vorhergesagt!

Die Präsentation: Viel mehr, als den Ablauf zu erklären, die Prognose abzugeben und dabei recht angestrengt auszusehen, ist eigentlich nicht zu tun.

Varianten: 1. Mehrere Zuschauer Startpositionen auswählen zu lassen, empfiehlt sich nicht. Der Zauberer könnte zwar richtige Prognosen abgeben, aber aufmerksamen Beobachtern könnte eine Regelmäßigkeit auffallen: Wenn zwei Zuschauer bei Positionen starten, die direkt untereinander liegen, werden auch die Zielpositionen das tun (wenigstens zyklisch).

2. Der Zauberer könnte die fünf Zielpositionen mit Preisen ausstatten, etwa 1, 2, 5 Cent und 5 und 10 Euro. Ein Zuschauer wählt ein Startfeld.

Fall 1: Der Zauberer will möglichst billig davon kommen. Dann richtet er es so ein, dass er die richtige Karte zurückhält. Liegt etwa die Belohnung «Ein Cent» eins über der Startposition, hält er I_1 zurück.

Fall 2: Er mag den Zuschauer/die Zuschauerin. Sie soll die 10 Euro gewinnen. Auch das ist durch Zurückhalten der richtigen Karte leicht zu erreichen.

3. Die gleiche Idee liegt der folgenden Variante zugrunde. Am Ziel liegen auf zusammengefalteten Zetteln fünf Botschaften. Eine davon gratuliert dem Jubilar, zu dessen Ehren gerade gezaubert wird. Die anderen sind eher neutral. Der Jubilar stellt seinen Irrgarten zusammen, und der Zauberer richtet es so ein, dass er von seiner gewählten Startpostion zur Gratulationsbotschaft wandert.

8

Wie viele Fragen braucht man?

Im ersten Abschnitt dieses Kapitels wird zunächst an ein «ehernes Gesetz» der Zauberei erinnert. Es besagt, dass man die Antworten auf k Ja-nein-Fragen benötigt, um einen speziellen Gegenstand aus 2^k Kandidaten zu ermitteln: 4 Fragen bei $16 = 2^4$ Gegenständen, 5 Fragen bei $32 = 2^5$ Möglichkeiten usw. Das ist altbekannt und wird bei vielen Kunststücken eingesetzt.

Unser zweiter Abschnitt stellt eine Möglichkeit vor, die Ja-nein-Fragen durch Handlungen zu ersetzen: «Packe den Stapel mit der von dir gewählten Karte in die Mitte!» Und im dritten Abschnitt schließlich wird statt der Ja-nein-Fragen eine geschickte Codierung verwendet, um die heimlich gewählte Karte herauszubekommen.

8.1
In welcher Zeile ist die Karte?

Mal angenommen, es sind 16 Karten in einem 4 × 4-Quadrat ausgelegt (Bild 8.1.1), und ein Zuschauer sucht sich eine aus. Wie kann man die dadurch finden, dass der Zuschauer Fragen beantwortet?

Bild 8.1.1: Ein 4 × 4-Kartenquadrat.

Sicher dadurch, dass man fragt «Welche Karte hast du dir ausgesucht?», also dadurch, dass eine von 16 möglichen Fällen ausgezeichnet wird. Das ist nicht überraschend, und es kann sicher nicht Ausgangspunkt für ein Zauberkunststück sein.

Auch eine zweite Möglichkeit ist wenig überzeugend: «Sage doch bitte, in welcher Zeile und in welcher Spalte sich deine Karte befindet!» Da wurden zwei Fragen beantwortet, die jeweils zwischen vier Möglichkeiten unterschieden. Auch das wird kein Zaubertrick, denn es beeindruckt wirklich niemanden.

Allerdings kann man diese Möglichkeit verkleiden, damit es nicht ganz so auffällig ist. Das wird in manchen Zauberbüchern so beschrieben:

– Das Kartenquadrat ist so gelegt, dass sich die Karten in den Spalten leicht überlappen (siehe Bild 8.1.2).

Bild 8.1.2: Ein 4 × 4-Kartenquadrat, die Spalten überlappen sich.

– «In welcher Zeile liegt deine Karte?» (Zum Beispiel könnte die Antwort sein: In Zeile 2.)

– Dann werden die Karten zusammengelegt: Zunächst werden die Spalten zu kleinen Viererstapeln zusammengeschoben, und diese Teilstapel werden dann zusammengelegt: rechter Stapel nach unten, der daneben darüber usw. Der Zauberer weiß: Die gesuchte Karte ist an Position 2, 6, 10 oder 14 dieses Stapels.

– Die Karten werden erneut zu einem 4 × 4-Quadrat ausgelegt: Vier Karten einzeln von links nach rechts, darunter wieder vier Karten usw. (siehe Bild 8.1.3). Der Zauberer weiß: Die gesuchte Karte liegt in der zweiten Spalte.

Bild 8.1.3: Das 4 × 4-Kartenquadrat, neu ausgelegt.

– Und nun kommt noch einmal die Frage: «In welcher Zeile liegt deine Karte?» Und nach der Antwort ist klar, welche Karte gewählt wurde. Denn die Spalte kennt der Zauberer ja schon.

Das Prinzip ist natürlich nicht auf den Fall 4 · 4 = 16 beschränkt:
- Wenn es 15 Möglichkeiten gibt, reichen zwei Fragen: eine, die zwischen 3, und eine die zwischen 5 Möglichkeiten eine auswählt.
- Bei 60 = 3 · 4 · 5 Möglichkeiten müssen drei Fragen beantwortet werden, die jeweils eine von drei bzw. vier bzw. fünf Möglichkeiten benennen.
- Allgemein: Ist eine Zahl n als $t_1 \cdot t_2 \ldots t_r$ geschrieben, so braucht es r Fragen, um ein spezielles Objekt aus einer Gesamtheit von n Objekten zu ermitteln: Eine, die eine von t_1 Varianten benennt; eine weitere, die eine von t_2 Möglichkeiten spezifiziert usw.

Das ist so etwas wie ein ehernes Grundgesetz dieses Typs von Zauberkunststücken: Wenn man durch Fragen ein Objekt aus n Kandidaten identifizieren möchte, so muss das Produkt der Zahlen, die bei den einzelnen Fragen zur Auswahl stehen, mindestens gleich n sein. Oder noch einmal formal: Wenn man als *t-Frage* eine Frage bezeichnet, die eine von t Möglichkeiten benennt, so muss das Produkt der verwendeten Zahlen t mindestens gleich n sein.

So reichen zum Beispiel zwei 10-Fragen, um aus einer Auswahl von (höchstens) 100 Objekten das richtige zu finden.

Am «schwächsten» sind 2-Fragen, also solche, wo man nur die Antworten ja / nein erwarten darf: Eine Karte im Skatspiel ($n = 32$) zu finden, braucht 5 mit ja / nein zu beantwortende Fragen, denn das Produkt 2 · 2 · 2 · 2 · 2 ist gleich 32.

Die hohe Kunst besteht allerdings darin, das so zu verstecken, dass niemandem dieses einfache Prinzip auffällt. Dazu sollen hier einige Beispiele beschrieben werden.

8.2
Zum Zentrum strebt doch alles ...

Das Zauberkunststück: Ein Zuschauer bekommt einen Kartenstapel mit 21 Karten. Er soll sich eine davon merken (und diese Wahl sicherheitshalber auch unauffällig den anderen Zuschauern mitteilen). Der Zauberer hat davon nichts mitbekommen, er steht mit dem Rücken zum Publikum.

Nun soll der Zuschauer den Stapel bildoben halten, ihn mischen und dann die Karten einzeln auf den Tisch legen: Immer wieder links, Mitte, rechts; so lange, bis alle Karten ausgegeben sind. Und er soll darauf achten, auf welchem Teilstapel *seine* Karte abgelegt wird.

Da 21 durch 3 teilbar ist, haben alle Teilstapel die gleiche Anzahl Karten. Nun werden sie zusammengelegt: Der mit der Zuschauerkarte kommt in die Mitte.

Dann passiert das Gleiche noch zweimal: links, Mitte, rechts immer wieder, dann den Teilstapel mit der Zuschauerkarte in die Mitte.

Der Stapel wird nun umgedreht, die Karten liegen also bildunten. Und der Zauberer kommt dazu. Ohne große Probleme findet er die Zuschauerkarte.

Der mathematische Hintergrund: Rein formal sieht es doch so aus: Es ist eine von 21 Karten zu identifizieren, und es werden – gut versteckt – drei Fragen beantwortet, die jeweils zwischen drei Möglichkeiten unterscheiden. Das ist hier durch die Anweisung «Lege den Stapel mit deiner Karte in die Mitte» kaschiert worden.

Wenn man das mit der in der Einleitung formulierten «ehernen Regel» vergleicht, so könnte es also gehen: Denn es ist $21 \leq 27 = 3 \cdot 3 \cdot 3$.

Doch wie genau funktioniert es? Es liegt daran, dass die Zuschauerkarte durch das Befolgen der Anweisungen immer mehr ins Zentrum des Kartenstapels wandert und am Ende exakt die mittlere Karte ist. (Hier ist wichtig, dass die Kartenanzahl ungerade ist, denn bei einer geraden Anzahl gibt es ja keine mittlere Karte.)

Genauer sieht es so aus. Wir stellen die Karten durch graue und rote Punkte dar. Ein Punkt wird rot dargestellt, wenn er möglicherweise die Zuschauerkarte sein könnte. Betrachten wir dazu Bild 8.2.1. Die Situation nach dem ersten Auslegen ist links im Bild dargestellt: *Alle* Karten können infrage kommen.

Bild 8.2.1: Der Informationszuwachs bei den einzelnen Schritten.

Der Zuschauer hat aber seine irgendwo entdeckt und legt die Teilstapel so zusammen, dass der mit seiner Karte in der Mitte liegt. Seine Karte liegt also irgendwo zwischen Position 8 und 14.

Nun wird noch einmal ausgegeben, Kandidaten für die Zuschauerkarte sind die roten Punkte in der Mitte von Bild 8.2.1. Und wieder wird zusammengelegt. Je nachdem, wo die Zuschauerkarte lag, kann eine der in Bild 8.2.2 dargestellten Situationen entstanden sein.

Bild 8.2.2: Hier liegt möglicherweise die Zuschauerkarte.

Es gibt drei Möglichkeiten, der Zauberer weiß allerdings nicht, welche eingetreten ist. Lag die Zuschauerkarte zu Beginn im linken Teilstapel, ist der durch die obere Reihe im Bild symbolisierte Stapel entstanden: Die Zuschauerkarte liegt an Position 10 oder 11. War sie im mittleren, kann sie nun an den Positionen 9, 10, 11 liegen (mittlere Reihe), und im letzen Fall ist sie an den Positionen 9 oder 10.

Die Situation mit der größten Unsicherheit tritt beim zweiten Fall ein. Wenn die Karten dieses Stapels dann zu drei Teilstapeln ausgegeben werden, wird es so aussehen wie rechts in Bild 8.2.1. Dann ist klar, dass beim Zusammenlegen («Teilstapel mit der Zuschauerkarte in die Mitte!») die gesuchte Karte exakt in der Mitte des Stapels zu finden sein wird. Für die anderen Fälle ist die Argumentation ähnlich.

Manchen wird aufgefallen sein, dass wir Möglichkeiten verschenkt haben: Mit drei 3-Fragen hätte man ja auch mit 27 Karten beginnen können. Das ist richtig, das Kunststück dauert dann allerdings ein bisschen länger. Die zugehörigen Bilder zur Illustration sieht man nachstehend: In Bild 8.2.3 die Konzentration der Kandidaten für die Zuschauerkarte auf die Mitte und in Bild 8.2.4 die so entstehenden Kartenstapel.

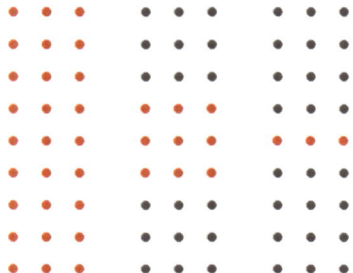

Bild 8.2.3: Der Informationszuwachs im Fall von 27 Karten.

Bild 8.2.4: Die «Ungewissheit» wandert zum Zentrum.

Und wer es ganz schnell machen möchte, sollte es mit 15 Karten versuchen. Da wandert die Ungewissheit (dargestellt durch die roten Punkte) so wie in Bild 8.2.5 ins Zentrum.

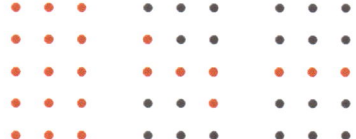

Bild 8.2.5: Der Fall von 15 Karten.

Wie ist der Trick vorzubereiten? Diesmal ist nichts vorzubereiten, man muss nur ein Kartenspiel bereithalten. Anstelle von Spielkarten kann man aber auch Fotos oder Visitenkarten nehmen.

Was ist bei der Durchführung zu beachten? Im Fall von 21 Karten geht es so. Ein Zuschauer bekommt einen Stapel mit 21 Karten, und der Zauberer wendet sich ab. Der Zuschauer kann sich eine Karte aussuchen oder auch durch «mischen / unterste ansehen und merken / noch einmal mischen» eine bestimmen. Sicherheitshalber sollte die Karte auch anderen gezeigt werden.

Der Zauberer gibt weitere Anweisungen: Falls die Karten bildunten gehalten wurden, sollen sie nun bildoben gedreht werden. Dann werden drei Teilstapel zu je 7 Karten ausgegeben: links, Mitte, rechts usw. Es wird zusammengelegt, dabei kommt der Teilstapel mit der Zuschauerkarte in die Mitte. Und das Gleiche passiert noch zweimal: zu drei Teilstapeln ausgeben, Stapel mit der Zuschauerkarte in die Mitte.

Dann kommt der Zauberer wieder dazu, er bekommt den bildunten gehaltenen Stapel. Und er weiß, dass die Zuschauerkarte die mittlere ist. Die kann er – wie gleich beschrieben werden wird – wirkungsvoll präsentieren.

Konkret könnte sich das so abspielen. Der Zuschauer hat sich aus den 21 Karten die Pik 6 ausgesucht und dann wie in Bild 8.2.6 drei Stapel gebildet. (Die haben wir hier auseinandergezogen, um alle Karten sehen zu können.)

Bild 8.2.6: Die Karten nach dem ersten Aufteilen in drei Stapel.

Die Pik 6 liegt im rechten Stapel, der kommt also in die Mitte. Wenn noch einmal ausgegeben wird, sieht es aus wie in Bild 8.2.7.

Bild 8.2.7: Nach dem zweiten Ausgeben.

Die Pik 6 liegt links, dieser Teilstapel kommt in die Mitte, und dann folgt das letzte Auslegen (Bild 8.2.8).

Wenn nun richtig zusammengelegt wird, ist die Zuschauerkarte genau im Zentrum.

Die Präsentation: Einleitend kann man natürlich etwas über Gedankenlesen, Finden von Karten durch Handauflegen, dem Mysterium der Zahl 7 (so groß werden ja die Teilstapel sein) usw. erzählen. Es gibt mehrere Möglichkeiten für das Auffinden der Karte am Schluss, z. B.:

- Der Zauberer kann die Karten auf dem Tisch verteilen und sich dabei merken, wo die mittlere Karte liegt. Seine Hand wandert über die Karten und wird «magnetisch» von der Zuschauerkarte angezogen.
- Der Zuschauer (oder Zuschauer und Zauberer abwechselnd)

Bild 8.2.8: Nach dem dritten Ausgeben.

nimmt immer wieder jeweils von oben oder unten eine Karte, bis am Ende nur noch die mittlere Karte übrig bleibt. Beim Abnehmen kann der Zuschauer auch immer kontrollieren, ob es schon seine Karte ist.

Varianten: Im Mathematikteil wurde das Prinzip erläutert. Ganz allgemein kann man sich zwei ungerade Zahlen r, s suchen und dann mit $n = r \cdot s$ Karten zaubern. (n muss ungerade sein, damit es eine mittlere Karte gibt.) Es werden mehrfach s Stapel zu je r Karten gebildet, und der Stapel mit der Zuschauerkarte kommt in die Mitte. (Eben war $s = 3$, $r = 7$.)

Und wenn dann eine Zahl k so gewählt ist, dass $s^k < n \leq s^k + 1$, so weiß man, dass die Zuschauerkarte nach $k + 1$ Durchgängen genau in der Mitte liegen wird.

8.3
Mutus nomen dedit cocis

Das Zauberkunststück: Ein Zuschauer sucht sich 20 Karten ganz beliebig aus einem Kartenspiel, mischt sie und legt dann 10 Zweierpäckchen bildunten auf den Tisch. Die Zauberin wendet sich ab, und der Zuschauer sucht sich eines dieser Zweierpäckchen aus. Er dreht es um und merkt sich die beiden Karten, vielleicht zeigt er sie auch den anderen Zuschauern. Das Pärchen kommt wieder auf den Tisch, und anschließend werden die 10 Pärchen auf irgendeine zufällige Weise zu einem Stapel von 20 Karten zusammengelegt. Die Zauberin kommt wieder dazu und bringt den Stapel zuerst mit Zuschauerhilfe und dann auch noch allein durcheinander.

Die Karten lagen bisher bildunten, nun werden sie bildoben zu einem 4 × 5-Rechteck wie in Bild 8.3.1 ausgelegt.

Bild 8.3.1: 20 Karten, als Rechteck ausgelegt.

Der Zuschauer soll sich die Karten ansehen und dann der Zauberin mitteilen, in welcher Zeile oder in welchen zwei Zeilen die von ihm gemerkten liegen. Hätte er sich zum Beispiel die zwei Karten «Kreuz König und Herz 3» ausgesucht, hätte er «Zeile 1 und Zeile 4!» sagen müssen. Und wäre sein Pärchen «Pik 2 und Karo 4» gewesen, müsste die Antwort «Beide in Zeile 3!» lauten.

Die Zauberin kann, ohne lange nachzudenken, die beiden Zuschauerkarten korrekt benennen.

Der mathematische Hintergrund: Zu Beginn überlegen wir, wie groß die Rechtecke der ausgelegten Karten sein können, damit so ein Zauberkunststück wie das beschriebene funktionieren kann. Eben war es ein 4 × 5-Rechteck, und 20 Karten wurden verwendet.

Die Antwort auf die Frage «In welcher Zeile oder in welchen Zeilen liegen die von dir gemerkten Karten?» soll doch zum richtigen Pärchen führen, und die Zauberin wäre ratlos, wenn es bei zwei von den 10 Pärchen (so viele waren es ja am Anfang) die gleiche Antwort gegeben hätte. Gab es also zu Beginn die Pärchen (Karo 9, Pik 3) und (Kreuz Ass, Karo Ass), so wäre in beiden Fällen die Antwort «Beide liegen in Zeile 2» gewesen, wie man in Bild 8.3.1 nachprüfen kann.

Kurz: Zu verschiedenen Pärchen müssen die Antworten verschieden sein. Nun gibt es 4 Möglichkeiten zu sagen «Beide liegen in Zeile X» und 6 Möglichkeiten für «Eine liegt in Zeile Y und eine in Zeile Z» (denn man kann auf $\binom{4}{2} = 4 \cdot 3/2 = 6$) verschiedene Weisen zwei Elemente einer vierelementigen Menge auswählen. Das bedeutet: Man könnte 4 + 6 = 10 verschiedene Pärchen identifizieren, also mit 20 Karten anfangen.

Die Rechnung für ein allgemeines n sieht dann so aus. Wir wollen ja ein Rechteck mit den Karten auslegen, und wenn es ein Rechteck mit k Zeilen und l Spalten ist, muss $n = k \cdot l$ gelten, damit es aufgeht. Nun kann auf k unterschiedliche Weisen «Beide liegen in Zeile X» gesagt werden, und da es $\binom{k}{2} = k \cdot (k-1)/2$ Möglichkeiten gibt, zwei Elemene aus einer n-elementigen Menge zu wählen, gibt es $k \cdot (k-1)/2$ verschiedene Antworten des Typs «Eine liegt in Zeile Y und eine in Zeile Z». Zusammen: Man könnte höchstens $k + k \cdot (k-1)/2$ Pärchen identifizieren, es darf also höchstens mit $2(k + k \cdot (k-1)/2) = (k+1) \cdot k$ Karten gearbeitet werden. Bei unserem Kunststück ist das erfüllt, denn $20 \leq 4 \cdot 5$. Würde man es aber bei 24 Karten mit einem 4×6-Kartenrechteck versuchen wollen (also $k = 4$, $l = 6$), ist das zum Scheitern verurteilt, denn 24 ist größer als $4 \cdot 5 = 20$.

Angenommen nun, wir haben eine Kartenanzahl n auf zulässige Weise als $k \cdot l$ geschrieben. Die Karten sollen ja aus Pärchen gebildet sein, deswegen ist n gerade. Wir schreiben $n = 2 \cdot r$, haben es also am Anfang mit r Pärchen zu tun. Es stellt sich dann das folgende

> *Problem:* Wie schafft man es, die n Karten so in eine Reihenfolge zu bringen, dass nach Auslegen als $k \times l$-Rechteck die folgende Bedingung erfüllt ist: Es kommt niemals vor, dass für zwei verschiedene Pärchen die Antwort auf die Frage «In welcher Zeile oder in welchen Zeilen liegen die von dir gemerkten Karten?» dieselbe ist.

Da es höchstens $k \cdot (k+1)$ Karten sind, sollte es ja «irgendwie» gehen, doch da wir ein Zauberkunststück planen, müssen noch zwei weitere Bedingungen erfüllt sein:
- Für das Publikum muss es so aussehen, dass die Pärchen auf völlig unvorhersehbare Weise im Stapel verschwunden sind.
- Die Zauberin muss in der Lage sein, aus der Antwort auf die Frage «In welcher Zeile oder in welchen Zeilen liegen die von dir gemerkten Karten?» ohne merkliche Anstrengung auf das richtige Pärchen schließen zu können. (Raten wird nicht

helfen, hier ist ein Beispiel: In unserem obigen Kunststück erfüllen 6 Pärchen die Bedingung «Beide liegen in Zeile 3» und für sogar 16 Pärchen gilt «Eine liegt in Zeile 2 und eine in Zeile 3».)

Wir werden gleich einige Möglichkeiten beschreiben, das Problem so zu lösen, dass diese beiden Bedingungen erfüllt sind.

Wie ist der Trick vorzubereiten? Natürlich muss man genügend viele Karten bereithalten. Wie üblich, muss der Ablauf so lange geübt werden, bis man das Kunststück stressfrei vorführen kann. Das gilt hier ganz besonders für das Finale: Wie identifiziert man das richtige Pärchen, wenn man weiß, in welcher Zeile oder in welchen Zeilen die Partnerkarten liegen?

In der Abteilung «Durchführung» werden wir drei Möglichkeiten kennenlernen, die unterschiedlich anspruchsvoll sind.

Was ist bei der Durchführung zu beachten? Das Vorgehen wird zunächst am einleitend beschriebenen Kunststück erläutert. Ein Zuschauer hat sich also 10 Pärchen aus einem Kartenstapel herausgesucht, sich eins gemerkt, alle Pärchen bildunten zusammengelegt und diesen Stapel aus 20 Karten der Zauberin übergeben.

Die weiß wirklich nicht viel: Ein Pärchen liegt an den Positionen 1 und 2, eins an Position 3 und 4, und so weiter. Welches allerdings das richtige ist, ist ihr unbekannt. Es folgen erst zwei Aktionen und später eine dritte. Und alles passiert mit bildunten gehaltenen Stapeln.

Aktion 1: Die Karten werden, auch mit Hilfe des Publikums, so durcheinandergebracht, dass erstens alle glauben, dass nun sämtliche Informationen über den Stapel verloren gegangen sind, und dass zweitens die Pärchen *periodisch* liegen: Für jede Karte liegt die Partnerkarte genau die Pärchenanzahl weiter. (Im Beispieltrick also: jeweils 10 Karten weiter. Das ist *zyklisch* aufzufassen: «10 Karten weiter» bedeutet für Karten in der unteren Hälfte, dass von oben weitergezählt wird. Für die Karte an Position 13 etwa liegt 10 Karten weiter die Karte 3.)

Aktion 2: Nun führt auch die Zauberin weitere «zauberhafte Mischaktionen» durch. Es sieht wirklich aus wie Durcheinanderbringen, in Wirklichkeit werden die Karten aber in eine bestimmte Reihenfolge gebracht. Nach dem Auslegen als 4 × 5-Rechteck ist die folgende Bedingung erfüllt: Es kommt niemals vor, dass für zwei verschiedene der am Anfang gebildeten Pärchen die Antwort auf die Frage «In welcher Zeile oder in welchen Zeilen liegen die von dir gemerkten Karten?» dieselbe ist.

Dann weiß die Zauberin zwar immer noch nicht, welche Karten gemerkt wurden, aber nach der Antwort auf die Frage «In welcher Zeile oder in welchen Zeilen liegen die von dir gemerkten Karten?» kann sie sie identifizieren. Wie das geht, erläutern wir in «Aktion 3».

Für die *Aktion 1* kann wie folgt verfahren werden. Zunächst liegen doch die beiden Partner der Pärchen direkt nebeneinander, und die Karten werden bildunten gehalten. Man zählt sie einzeln zu zwei neuen Teilstapeln auf den Tisch: links, rechts, links, rechts, ... Dann wird einer dieser Teilstapel auf den anderen gelegt, dabei darf ein Zuschauer entscheiden, welcher nach oben kommt.

So entsteht wirklich ein *periodischer Stapel*: Die jeweilige Partnerkarte liegt immer um die halbe Kartenanzahl weiter. Falls gewünscht, kann man ein- oder mehrmals abheben lassen oder – auch das ist ja eigentlich nur abheben – Charliermischen (siehe Abschnitt «Lies mich!»). Das ist dann immer noch ein periodischer Stapel.

Die Zauberin weiß übrigens immer noch nicht viel: Irgendwo liegen als Pärchen die vom Zuschauer ausgesuchten zwei Karten in einem periodischen Stapel: Bei r Pärchen liegt die Partnerkarte immer r Karten zyklisch weiter. Entscheidend ist nun der nächste Schritt: Die Pärchen werden auf kontrollierte Weise an ganz bestimmte Stellen eines bildoben ausgelegten Kartenrechtecks gebracht. Das ist

Aktion 2: Es gibt sehr viele Möglichkeiten, das Ziel zu erreichen. Ich empfehle die folgende. Dazu ist es sinnvoll, eine Vokabel einzuführen: Wenn man einen Stapel mit n Karten hat und m eine Zahl zwischen 1 und n ist, so verstehen wir unter dem *m-Mischen* die folgende Aktion:

> *m-Mischen*: Man blättert m Karten einzeln zu einem neuen Stapel auf den Tisch und legt den Rest obendrauf.

Wir behandeln hier zunächst den Fall von 10 Pärchen, also 20 Karten. Die Zauberin führt folgende Mischvorgänge aus: 3-Mischen, 2-Mischen, 3-Mischen, 2-Mischen. (Achtung: Die Reihenfolge ist wichtig!) Mehr dazu gleich unter «Präsentation».

Das wollen wir uns einmal genauer ansehen, aus drucktechnischen Gründen ersetzen wir die 10 durch den Buchstaben z. Am Anfang lagen die Karten als 112233445566778899zz, dabei steht 11 für das erste, 22 für das zweite Pärchen und so weiter. Durch einige Mischaktionen ist ein periodischer Stapel entstanden, wir nehmen der Einfachheit an, dass er so aussieht: 123456789z123456789z. Und nun kommen *Ihre* Aktionen.

Das entsteht nach 3-Mischen: 456789z123456789z321;
und nun ein 2-Mischen: 6789z123456789z32154;
noch einmal ein 3-Mischen: 9z123456789z32154876;
und schließlich ein 2-Mischen: 123456789z32154876z9.

Bisher zeigten die Bilder der Karten nach unten, nun werden

sie nach und nach aufgedeckt. Die Zauberin nimmt von oben eine Karte nach der anderen, dreht sie um und legt die Karten zu einem 4 × 5-Rechteck aus: erste Karte links oben, darunter die zweite, dritte, vierte; dann die fünfte Karte als erste in die zweite Spalte, die nächste darunter, usw.

Es entsteht das folgende Rechteck:

1	5	9	1	7
2	6	10	5	6
3	7	3	4	10
4	8	2	8	9

Dieses Zahlenrechteck hat wirklich die gewünschten Eigenschaften:

Die 1: als einzige Zahl sind beide Pärchenzahlen in Zeile 1.
Die 2: als einzige Zahl befindet sich die 2 in Zeile 2 und Zeile 4.
Die 3: als einzige Zahl sind beide Pärchenzahlen in Zeile 3.
Die 4: als einzige Zahl befindet sich die 4 in Zeile 3 und Zeile 4.
Die 5: als einzige Zahl befindet sich die 5 in Zeile 1 und Zeile 2.
Die 6: als einzige Zahl sind beide Pärchenzahlen in Zeile 2.
Die 7: als einzige Zahl befindet sich die 7 in Zeile 1 und Zeile 3.
Die 8: als einzige Zahl sind beide Pärchenzahlen in Zeile 4.
Die 9: als einzige Zahl befindet sich die 9 in Zeile 1 und Zeile 4.
Die 10: als einzige Zahl befindet sich die 10 in Zeile 2 und Zeile 3.

Man beachte, dass das gerade aufgegangen ist! Wirklich alle Möglichkeiten sind vorgekommen: beide in Zeile 1; beide in Zeile 2; beide in Zeile 3; beide in Zeile 4;

Zeile 1 und Zeile 2; Zeile 1 und Zeile 3; Zeile 1 und Zeile 4; Zeile 2 und Zeile 3; Zeile 2 und Zeile 4; Zeile 3 und Zeile 4.

Bis hierhin ging alles gut. Nun nennt der Zuschauer die Zeile (oder die Zeilen), in der (bzw. denen) die von ihm genannten Pärchenkarten liegen. Und die Zauberin muss nun «nur» noch wissen, welches Pärchen damit gemeint ist. Um das zu schaffen, gibt es drei Möglichkeiten: eine ambitionierte und zwei bequeme. Die besprechen wir in

Aktion 3.

Möglicheit 1 (ambitioniert): Wenn Sie ein großes dichterisches Talent und ein gutes Gedächtnis haben, kommt diese Möglichkeit vielleicht für Sie infrage.

Man muss sich doch die vorstehende Tabelle merken und in der Lage sein, sie schnell abzurufen. Das könnte so gehen. Sie suchen sich 10 Buchstaben des Alphabets, etwa *u, n, d, e, g, o, a, t, r, i*. Die sortiert man so in einem 4 × 5-Buchstabenrechteck, dass sie genau so stehen wie die vorstehenden Zahlen in der Tabelle: Der gleiche Buchstabe an Position 1 und 4 der ersten Zeile; ein anderer an Position 2 der ersten und Position 4 der zweiten Zeile. Und so weiter, das Ergebnis könnte so aussehen:

```
u n d u e
g o a n o
t e t r a
r i g i d
```

Man merkt: Es ist versucht worden, die Buchstaben so zu wählen, dass halbwegs sinnvolle Wörter entstehen. (Das Beispiel stammt von dem Zauberer Braunmüller, der für bemerkenswerte Fortschritte bei der wirkungsvollen Präsentation dieses Kunststücks gesorgt hat. Er war mit den Wörtern nicht wirklich zufrieden, wollte aber – wie er schreibt – nicht noch weiter suchen. In einem sehr frühen Vorläufer des Kunststücks gab es den Merkspruch Mutus nomen dedit cocis. Er wurde hier als Motto gewählt, gehört aber zu einer anderen (und viel durchschaubareren) Mischmethode.)

Die Zauberin muss diese vier Wörter auswendig lernen und sie sich so gut vorstellen können, dass sie auf alle möglichen Antworten «Beide in Zeile X» bzw. «Einer in Zeile Y, einer in Zeile Z» sofort weiß, welcher Buchstabe gemeint ist und wo genau die beiden Vertreter dieses Buchstabens stehen. Beispiel: Ist die Antwort «Beide in Zeile 3», muss sie also sofort erkennen, dass es um das «t» geht, das in Zeile 3 an den Positionen 1 und 3 steht; dann kann sie die Karten an diesen Positionen als die vom Zuschauer gewählten präsentieren.

Möglichkeit 2 (nicht ganz so ambitioniert): Hier ist etwas Vorarbeit erforderlich, die Durchführung des Kunststücks wird aber einfacher. Man denkt sich eine kleine Geschichte aus (oder, falls man dazu begabt ist, ein kleines Gedicht), die vielleicht sogar irgendwie zur Zauberei passt und die folgende Bedingung erfüllt: Es besteht aus vier Zeilen zu je fünf Wörtern, und die Anfangsbuchstaben der Wörter sind so verteilt wie im Merkspruch: Es gibt nur einen einzigen Buchstaben, mit dem in Zeile 1 zwei Wörter anfangen, usw. Man könnte damit anfangen, dass man sich 10 verschiedene Buchstaben aussucht und die als Anfangsbuchstaben in ein rechteckiges Schema schreibt. Der Einfachheit halber versuchen wir es mit den gleichen Buchstaben wie eben:

```
u...   n...   d...   u...   e...
g...   o...   a...   n...   o...
t...   e...   t...   r...   a...
r...   i...   g...   i...   d...
```

Die Pünktchen deuten an, dass da noch etwas fehlt: Die Wörter, die das Ganze zu einem sinnvollen (vielleicht sogar witzigen oder geheimnisvollen) Text oder Gedicht mit einer Beziehung zur Zauberei machen. Da ist Ihre Kreativität gefordert!

Ich habe mich auch ein bisschen versucht, nach einer Weile das «i» durch ein «z» ersetzt (um irgendetwas mit «zaubern» aufnehmen zu können) und das «r» durch das «s» (mit «r» fiel mir nichts ein) und noch ein Wort angehängt (am Schluss fehlte etwas …).

unter	nebel	dunst	und	eis	
gab	olaf	annes	nichte	ohne	
tränen	einen	taler.	sechs	augenblicke	
später	zauberte	gisela	zehn	dollar	herbei

Der Text wird keinen Literaturpreis bekommen, zur Erläuterung der Idee erfüllt er aber sicher seinen Zweck.

Und warum diese Extra-Vorbereitung? Nun braucht die Zauberin nichts mehr auswendig zu lernen! Der Text liegt schon lange, bevor das Kunststück vorgeführt wird, offen auf dem Tisch oder wird kurz davor feierlich vorgelesen und bleibt dann offen liegen. Und wenn es so weit ist – zum Beispiel: «meine Karten liegen in den Zeilen 3 und 4» – sucht sich die Zauberin in diesen Zeilen zwei Wörter, die mit dem gleichen Buchstaben anfangen. Das ist das «s», also sind die Karten an Position 4, Zeile 3 und Position 1, Zeile 4 die gesuchten. Sie kann dabei natürlich das Blatt auf dem Tisch zu Hilfe nehmen und sie sollte das Auffinden auch einige Male üben. Ich habe damit gute Erfahrungen gemacht.

Möglicheit 3 (gar nicht ambitioniert, unproblematisch): Das ist mein Favorit. Bei dieser Variante codieren wir die Zahlen des hier relevanten Zahlenrechtecks durch Symbole oder Bilder: Fotos, Phantasiesymbole, Sternzeichen, …

Es wäre passend, wenn die gewählte Dekoration im weiteren Sinne zum Thema «Zaubern» passen würde. Ich erläutere die Idee, wenn man *Sternzeichen* verwenden möchte. Die Reihenfolge der 10 verwendeten Sternzeichen entspricht der unseres zu codierenden Zahlenrechtecks:

Waage	Löwe	Fische	Waage	Zwillinge
Wassermann	Krebs	Skorpion	Löwe	Krebs
Jungfrau	Zwillinge	Jungfrau	Stier	Skorpion
Stier	Schütze	Wassermann	Schütze	Fische

Das sieht aber niemand. Offen sichtbar ist nur das folgende Rechteck in Bild 8.3.3 aus den zugehörigen Sternzeichensymbolen.

♎	♌	♓	♎	♊
♒	♋	♏	♌	♋
♍	♊	♍	♉	♏
♉	♐	♒	♐	♓

Bild 8.3.3: Die Sternzeichen.

Es kann auf die Zauberunterlage kopiert sein oder auf den Einband eines Zauber-Notizbuchs gedruckt werden. (Die Tabelle im vorstehenden Bild ist zum Kopieren freigegeben.) Und dann ist es leicht möglich, völlig stressfrei das Kunststück abzuschließen: Ein unauffälliger Blick auf die Sternzeichentabelle führt zu den Zuschauerkarten: Weiß man etwa, dass die Karten beide in Zeile 1 liegen, so werden sie dort an den Positionen 1 und 4 zu finden sein (also beim Waage-Sternzeichen).

Das war ja alles recht abstrakt, wir wollen einen *Realitätstest* wagen.

Schritt 1: Ein Zuschauer hat auf dem Tisch 10 Pärchen liegen, etwa die in Bild 8.3.4. (In Wirklichkeit liegen sie natürlich bildunten.) Er sucht sich eins aus, merkt sich die beiden Karten und legt die Pärchen paarweise zu einem 20er-Stapel zusammen.

Bild 8.3.4: 10 Kartenpärchen.

Schritt 2: Zuschauer und Zauberin führen die Mischoperationen durch: periodischen Stapel herstellen, durcheinanderbringen (abheben, Charliermischen, 3-abheben, 2-abheben, 3-abheben, 2-abheben), als Rechteck auslegen. So entsteht die Situation in Bild 8.3.1.

Schritt 3: Der Zuschauer soll sagen, wo seine Karten liegen. Wenn er zum Beispiel «In den Zeilen 2 und 3» sagt, genügt ein Blick auf die Sternzeichentabelle in Bild 8.3.3, um zu wissen, dass nur die Karten Pik 3 und Herz Dame als Pärchen infrage kommen.

Damit haben wir das Ende des Abschnitts «Durchführung» erreicht. Etwas später, unter «Varianten», wird noch gezeigt, wie man die

Ideen für andere Kartenanzahlen umsetzen kann und (wirklich!) dass es möglich ist, ganz ohne Zuschauerantworten seine Karten zu identifizieren.

Die Präsentation: In der vorigen Abteilung wurde der Ablauf ausführlich beschrieben. Die Zauberin kann ja einige Male betonen, dass der Zuschauer beim Durcheinanderbringen eine aktive Rolle spielt und sie beim besten Willen nicht wissen kann, wo die Karten des ausgesuchten Pärchens liegen. (Das stimmt sogar. Sie weiß nach den Mischoperationen nur, dass ein periodischer Stapel vorliegt.)

Die Aktionen 3-abheben, 2-abheben, 3-abheben, 2-abheben kann sie dadurch etwas dramatischer darstellen, dass sie beim Herunterzählen der drei oder zwei Karten Zaubersprüche mit zwei oder drei Worten spricht: SIM SALA BIM! ABRA KADABRA!

Und die Frage «In welcher Reihe oder in welchen Reihen liegen deine Karten?» kann natürlich auch als «Leg doch bitte zwei Münzen neben die Reihe oder die Reihen, in der oder in denen deine Karten liegen» gestellt werden.

Das Finale (Memorieren des Merkspruchs, unauffällige Inspektion des selbst geschriebenen Textes oder der Sternzeichen, um zu sagen, um welche Karten es denn nun geht) darf auch nach intensiver Gedankenarbeit aussehen.

Varianten: Eine Fülle von Varianten bieten sich an. Es steht ja nirgendwo geschrieben, dass es 10 Pärchen – also 20 Karten – sein müssen, die man als 4 × 5-Rechteck auslegt. Wir haben im mathematischen Teil gesehen, dass jede Pärchenanzahl r (Kartenanzahl $n = 2r$) und das Auslegen als $k \times l$-Rechteck möglich ist, falls die Bedingungen $k \cdot l = n$ und $n \leq k \cdot (k+1)$ erfüllt sind.

Dann muss man nur noch ein geeignetes Mischverfahren finden, dass aus einem periodischen Kartenstapel nach Mischen und Ausgeben ein Kartenrechteck mit den gewünschten Eigenschaften entsteht: Es gibt höchstens ein Pärchen, für das beide Karten in Zeile 1 liegen, usw. Das kann mühsam werden, man kann lange ausprobieren oder einen Computer verwenden. Hier nur ein Beispiel für dieses Vorgehen: Man nehme 6 Pärchen (12 Karten). Dann stellt man wie üblich einen periodischen Stapel her und mischt wie folgt: 5-mischen, 2-mischen, 3-mischen. Und schließlich wird ein 3 × 4-Kartenrechteck ausgelegt. Das hat die Form

5	4	1	4
6	3	1	3
5	2	6	2

Es erfüllt die gewünschte Bedingung und kann deswegen für ein Zauberkunststück verwendet werden.

Viel interessanter sind aber Verallgemeinerungen in eine andere Richtung. Wir stellen drei vor.

Von Pärchen zu Dreiergruppen

Das erläutern wir an einem konkreten Zahlenbeispiel. Es geht los mit 24 Karten, die sich ein Zuschauer aus einem Spiel ausgesucht hat. Er hat damit 8 Dreierpäckchen gebildet, die wir in Bild 8.3.5 bildoben zeigen.

(In Wirklichkeit spielt sich alles bis kurz vor Schluss bildunten ab, und in der Regel sind die Dreiergruppen auch nicht so leicht wiedererkennbar wie in diesem Beispiel: Sie sollen hier zur Demonstration nur leichter identifiziert werden können.) Er merkt sich die Karten eines der Päckchen seiner Wahl und legt alle 8 zu einem Stapel zusammen, den die Zauberin bekommt.

Die stellt zunächst einen periodischen Stapel her: von oben nach unten die Karten einzeln zu drei Teilstapeln von links nach rechts auslegen (links-Mitte-rechts-links-Mitte-…), diese Teil-

Bild 8.3.5: Acht Dreiergruppen.

stapel in irgendeiner Weise zusammenlegen. Nun liegen die jeweiligen Partnerkarten jeweils 8 und 16 Karten weiter. Das kann von einem Zuschauer abgehoben werden, und ein Charliermischen (Abschnitt «Lies mich!») kann sich anschließen.

Dann wird gemischt: 2-mischen, 4-mischen, 3-mischen, 4-mischen. Und zum Schluss folgt das Auslegen eines 4 × 6-Rechtecks: oberste Karte bildoben nach links oben, die nächsten drei einzeln darunter, dann geht es mit der zweiten Spalte los, usw. Am Ende entsteht ein Kartenrechteck wie in Bild 8.3.6.

Erkennen Sie die Dreiergruppen wieder? Für jede der 8 Gruppen ist die Antwort auf die Frage «In welcher Zeile oder in welchen Zeilen liegen deine drei Karten?» eine andere! Übersichtlich ist die Lage der Dreiergruppen in der Tabelle oben in Bild 8.3.7 dargestellt, und zum unauffälligen Identifizieren der Zuschauerkarten ist eine Sternzeichenverschlüsselung der Tabelle unten im Bild vorbereitet.

Bild 8.3.6: Acht Dreiergruppen, nach Mischen und Auslegen.

6	2	6	1	3	5
7	3	7	6	1	4
8	4	8	5	8	3
1	5	2	4	7	2

♌	♊	♌	♒	♉	♏
♎	♉	♎	♌	♒	♋
♓	♋	♓	♏	♓	♉
♒	♏	♊	♋	♎	♊

Bild 8.3.7: Wo liegen die Dreiergruppen?

Sagt der Zuschauer zum Beispiel «Sie liegen in Zeile 2, 3 und 4», so kann es nur das Krebs-Symbol gewesen sein, die drei Karten waren also die Kreuz 8, Pik 8, Karo 8. (Das passt nur deswegen hier so gut zusammen, weil wir die Dreiergruppen so einfach gewählt haben. Im Allgemeinen können es drei ganz beliebige Karten sein.) Und im Fall «Sie liegen in den ersten beiden Zeilen» wird die Zauberin durch das Löwe-Symbol auf die drei Vieren geführt.

Die Zauberin weiß von vornherein alles!
Das ist meine Lieblingsvariante. Man braucht den Zuschauer nicht einmal zu fragen, seine Kartenwahl erfährt man auch so. Doch wie soll das gehen?

Um die Idee zu erläutern, betrachten wir noch einmal Bild 8.3.1. Wenn die Zauberin sicher wüsste, dass eine der vom Zuschauer ausgesuchten Karten das Karo Ass ist, wüsste sie auch, was die andere Karte war. Sie müsste nur – zum Beispiel aus der ersten Sternzeichen-Tabelle – ermitteln, zu welchem Pärchen das Karo Ass gehört: Es muss der Kreuz König gewesen sein, da zweite Karte in Zeile 1 und vierte Karte in Zeile 2 ein Pärchen bilden.

Das kann man wie folgt umsetzen. Am Anfang überreicht die Zauberin dem Zuschauer das Karo Ass: «Das ist mein Verbündeter». Die Zauberin wendet sich ab. Der Zuschauer soll sich aus dem Spiel seine *Lieblingskarte* aussuchen, sie zusammen bildunten auf den Tisch legen, neun weitere Pärchen ganz beliebig aussuchen und die 10 Pärchen auf irgendeine Weise zu einem Stapel zusammenlegen. Dann das Übliche: wie oben mischen und zu einem 4 × 5-Rechteck auslegen.

Die Zauberin sieht, zu welchem Pärchen das Ass gehört, und kann so ohne Mithilfe des Zuschauers seine Lieblingskarte ermitteln. (Das kann man natürlich ein bisschen ausbauen, indem man zum Beispiel das Karo Ass über den andern Karten schweben und die richtige Karte finden lässt.)

Und ganz genau so geht es *mit drei Karten*. Wieder ist (zum Beispiel) das Karo Ass der Verbündete, diesmal sucht der Zuschauer *zwei Lieblingskarten* dazu aus. Ass und die zwei gewählten Karten kommen als Dreierpäckchen auf den Tisch, es werden sieben weitere Dreierpäckchen ausgesucht und alles wird zu einem 24er-Stapel zusammengelegt. Die Zauberin mischt wie in der vorstehenden Variante «Von Pärchen zu Dreiergruppen» beschrieben und legt ein 4 × 6-Rechteck aus. Sie verwendet heimlich die Tabelle in Bild 8.3.7, um die Partnerkarten des Karo Ass zu ermitteln. Hier sind es Herz Ass und Kreuz Ass, im Allgemeinen werden es aber nicht so leicht wiedererkennbare Karten sein.

Viele Mitwirkende
Bisher hat immer ein einziger Zuschauer mitgespielt. Es können aber mehr sein. Im allerersten Beispiel etwa gab es ein Pärchen vom Zuschauer, das wurde durch 9 weitere Pärchen ergänzt. Es könnten aber auch zwei Zuschauer jeweils ein Pärchen aussuchen, und dann muss man nur noch 8 Pärchen dazutun. Am Ende findet die Zauberin die jeweiligen Karten durch die übliche Frage: «In welcher Zeile oder welchen Zeilen liegen deine Karten?» Das kann man bis zu 10 Zuschauern erweitern, doch dann dauert die Vorführung sicher zu lange. Und für die Kunststücke mit Dreierpäckchen ist eine entsprechende Verallgemeinerung natürlich auch möglich.

9

... und noch mehr Kartenkunststücke

Der gut versteckte mathematische Hintergrund der Kunststücke in diesem Kapitel ist die Kombinatorik. Hier die Kurzfassung:

- Mehrfach werden Kartenpärchen zufällig ausgewählt und es wird geprüft, ob sie gleiche oder verschiedene Merkmale haben. Ist die Anzahl von «Pärchen mit gleichen Merkmalen» dann eher gerade oder eher ungerade?
- Eine Zufallsauswahl von Karten wird in einem Kreis ausgelegt und gibt Anlass zu einem «Spaziergang» auf diesem Kreis. Der Zauberer weiß schon am Anfang, welche Karte nicht getroffen wird.
- Ein Zuschauer sucht sich eine Karte aus, sie verschwindet in einem Kartenstapel. Dann werden mehrfach die Karten aufgeteilt und ein Teilstapel wird aussortiert. Die Zuschauerkarte ist die letzte, die übrig bleibt.

9.1
Gerade oder ungerade?

Das Zauberkunststück: Der Zauberer präsentiert eine Tabelle. Auf der ist übersichtlich verzeichnet, welche Gewinne bei den möglichen Ausgängen eines gleich zu beschreibenden Spiels ausgezahlt werden.

1 Euro!	Niete	5 Cent	10 Euro!	1 Cent	20 Euro!	2 Euro!	50 Cent
000	001	010	011	100	101	110	111
002	003	012	013	102	103	112	113
020	021	030	031	120	121	130	131
022	023	032	033	122	123	132	133
200	201	210	211	300	301	310	311
202	203	212	213	302	303	312	313
220	221	230	231	320	321	330	331
222	223	232	233	322	323	332	333

Die Spielregeln werden erklärt, dann wird ein Mitspieler bestimmt. Das folgende Spiel ist geplant:

Dem Mitspieler werden sechs Karten ausgehändigt (Bild 9.1.1).

Bild 9.1.1: Diese Karten bekommt der Spieler.

Die soll er bildunten halten und gut mischen. Dann teilt er sie ganz nach Belieben in drei Pärchen aus, die er auf den Tisch legt.

Es wird festgestellt, wie viele dieser Pärchen zwei verschiedene Kartenfarben enthalten, also eine rote und eine schwarze. Das Ergebnis (eine Zahl zwischen 0 und 3) wird notiert.

Unter einem etwas anderen Gesichtspunkt passiert das Ganze noch einmal: Wieder werden alle Karten zusammengelegt, wieder wird gemischt, wieder werden durch den Zuschauer drei Pärchen gebildet.

Diesmal wird nachgesehen, ob ein Pärchen sowohl eine Zahl größer als 7 als auch eine Zahl kleiner als 7 enthält, und auch dieses Ergebnis (wieder eine Zahl zwischen 0 und 3) wird festgehalten.

Und nun ein drittes Mal; bei dieser Runde wird ermittelt, in wie vielen Pärchen Karten mit einer geraden und einer ungeraden Zahl zu finden sind.

Auf diese Weise sind drei Ergebnisse erfasst worden, jeweils eine Zahl zwischen 0 und 3. Es hätte sich zum Beispiel 1, 2, 0 ergeben können (abgekürzt 120); irgendeiner von 64 möglichen Ausgängen bei diesem Spiel.

In der am Anfang präsentierten Tabelle wird nachgesehen, in welcher Spalte man das hier erzielte zufällig zustande gekommene Ergebnis 120 findet. Das ist Spalte 5, darüber steht der auszuzahlende Preis: 1 Cent. Das ist schade, es hätte viel besser laufen können!

(Schon jetzt sei verraten, dass es auch – je nach Wunsch des Zauberers – ganz anders hätte kommen können.)

Der mathematische Hintergrund: Wir haben es doch mit einem Kartenstapel zu tun, den wir pärchenweise auslegen wollen.

Deswegen muss die Anzahl n der Karten *gerade* sein. Und dann wollen wir auf Merkmale achten, die Karten haben können: rot oder schwarz? Gerade oder ungerade? Bildkarte oder Zahlenkarte? Größer als 7 oder höchstens 7? ...

Bleiben wir zunächst bei rot-schwarz. In dem Stapel sollen sich r rote und s schwarze Karten befinden. Da $r + s$ gleich n und folglich gerade ist, gibt es nur zwei Möglichkeiten: r und s sind beide gerade, oder r und s sind beide ungerade. (Wenn eine der Zahlen gerade und die andere ungerade wäre, müsste die Summe ungerade sein.)

Es wird gemischt, und dann werden die Karten pärchenweise ausgelegt. Bei wie vielen dieser Pärchen werden die Farben verschieden sein, wie viele enthalten eine rote und eine schwarze Karte? Naiv könnte man annehmen, dass alles Mögliche passieren kann. Bemerkenswerterweise stimmt das aber nicht:

Fakt 1: Sind r und s ungerade, so ist die Anzahl der rot-schwarz-Pärchen ebenfalls ungerade.

Fakt 2: Sind r und s gerade, so ist die Anzahl der Rot-schwarz-Pärchen ebenfalls gerade.

> *Begründung:* Wir betrachten zunächst die erste Situation. Bezeichne mit V die Anzahl der Rot-schwarz-Pärchen und mit R die Anzahl der Rot-rot-Pärchen. Dann ist sicher $r = V + 2 \cdot R$, denn jedes Rot-schwarz-Pärchen steuert eine, und jedes Rot-rot-Pärchen steuert zwei rote Karten zur Gesamtsumme bei. Und da $2 \cdot R$ gerade ist, muss V ungerade sein, damit die Summe ungerade ist.
>
> Fakt 2 wird ganz analog begründet.

Als konkretes Beispiel betrachten wir einen 10er-Stapel mit 5 roten und 5 schwarzen Karten. Die Anzahl der Rot-schwarz-Pärchen ist dann 1, 3 oder 5. (Man weiß dann auch: Da es insgesamt 5 Pärchen sind, ist die Anzahl der Pärchen mit zwei gleichen Farben garantiert gerade.)

Das könnte man zum Beispiel so ausnutzen. Man bereite wie eben einen Stapel mit 5 roten und 5 schwarzen Karten vor. Zweimal lässt man dann mischen und die Karten als Pärchen auslegen. Beim ersten Mal zählt man die Anzahl der Rot-schwarz-Pärchen, beim zweiten Mal die Anzahl der Pärchen mit zwei gleichfarbigen Karten. Dann ist das Ergebnis in der folgenden Tabelle garantiert in der vorletzten Spalte, die mit «ug» (für «ungerade-gerade») überschrieben ist:

gg	gu	ug	uu
00	01	10	11
02	03	12	13
04	05	14	15
20	21	30	31
22	23	32	33
24	25	34	35
40	41	50	51
42	43	52	53
44	45	54	55

Die Zuschauer erwarten allerdings, dass *alle* Ergebnisse möglich sind, und das kann auf verschiedene Weisen genutzt werden. Zum Beispiel dadurch, dass man die erste Zeile durch die Spaltennummern

1	2	3	4

ersetzt und die Prognose «Spalte 3» in einem Umschlag auf dem Tisch deponiert.

Oder durch Ausloben von Preisen. Wenn man den Mitspieler oder die Mitspielerin besonders mag, könnte die erste Zeile

1 Euro	50 Cent	5 Euro	2 Euro

lauten, und wenn das nicht unbedingt der Fall ist, auch

1 Euro	50 Cent	5 Cent	2 Euro

Etwas eindrucksvoller wird es noch, wenn nicht eine von vier, sondern eine von acht Möglichkeiten forciert werden kann. Das geht, wie gleich erläutert werden wird, indem man *dreimal* mischen und auslegen lässt.

Zur Illustration analysieren wir das einleitend beschriebene Kunststück:

- Die Merkmale (rot, schwarz) sind (3, 3) Mal bei den Karten in Bild 9.1.1 vertreten. Deswegen ist im ersten Durchgang ein ungerades Ergebnis zu erwarten.
- (kleiner als 7, größer als 7) kommt (2, 4) Mal vor. Im zweiten Durchgang wird es also ein gerades Ergebnis geben.
- (gerade, ungerade) ist (2, 4) Mal zu finden. Das bedeutet: Der letzte Durchgang wird eine gerade Zahl liefern.

Zusammen heißt das, der Zauberer kann damit rechnen, dass das konkret erzielte Ergebnis vom Typ ungerade-gerade-gerade ist und folglich irgendwo in Spalte 5 der allerersten Tabelle zu finden sein wird. Das kann er ausnutzen, indem er Spalte 5 als Prognose angibt oder in Spalte 5 einen besonders hohen oder niedrigen Gewinn vorgibt.

Wie ist der Trick vorzubereiten? Wir beschreiben zunächst die Vorbereitung für das einleitend beschriebene Kunststück. (Varianten werden später vorgeschlagen.) Da ist eine Tabelle auszudrucken (zum Beispiel die, die zu Beginn dieses Kunststücks zu finden ist). Am universellsten ist sie einsetzbar, wenn in der ersten Zeile einfach die Spaltennummern von 1 bis 8 stehen. Soll es Preise geben, so ist natürlich gut zu überlegen, wie die zu verteilen sind (mehr dazu gleich).

Und dann muss man sechs Karten bereithalten. Wir wollen doch dreimal Pärchen auslegen lassen und «Erfolge» zählen. Wichtig ist dabei nur, ob das Ergebnis eine gerade oder eine ungerade Zahl ist. Und das kann man steuern, wie im Mathematikteil ausgeführt wurde.

Dabei wird es um gewisse Merkmale gehen, die Karten haben können. Wir haben oben mit den Merkmalen (rot, schwarz), (kleiner 7, größer 7), (gerade, ungerade) gearbeitet. Es gibt aber weitere Möglichkeiten, etwa (Bildkarte, Zahlenkarte) oder, falls nur Zahlen verwendet werden, (Primzahl, keine Primzahl), ...

Das muss sehr sorgfältig gemacht werden, weil mehrere Gesichtspunkte zu berücksichtigen sind. In Bild 8.1.1 haben wir schon einen konkreten Vorschlag gemacht.

Was ist bei der Durchführung zu beachten? Der Ablauf ist bei der Beschreibung des Kunststücks ausführlich geschildert worden. Ob am Ende nur eine Prognose der Spalte (Spalte 5!) steht oder ein überraschend hoher oder enttäuschend kleiner Preis ausgezahlt wird, kann vom Zauberer beliebig durch Beschriften der ersten Zeile der Tabelle vorbereitet werden.

Die Präsentation: Man kann es einfach als unbeeinflusstes Spiel vorführen oder – im Gegenteil – so tun, als wenn das Spiel durch Gedankenkraft in Richtung Prognose oder auf den niedrigen / hohen Gewinn gesteuert werden würde.

Varianten: Mehr noch als sonst beschreibt das hier geschilderte Kunststück nur einen Bruchteil der Möglichkeiten, die es bei Verwirklichung dieser Ideen gibt.

1. Wir weisen noch einmal auf das im Mathematikteil geschilderte Kunststück mit 10 Karten hin. Da geht es um das Merkmal (rot-schwarz), das aber zweimal vorkommt: «Wie viele Rot-schwarz-Pärchen gibt es?» im ersten und «Wie oft sind die beiden Kartenfarben gleich» im zweiten Durchgang.

2. Mehr als zwei Durchgänge sind bei 10 Karten natürlich auch möglich: Bei drei Durchgängen gibt es jeweils 6 theoretische Erfolgsanzahlmöglichkeiten: 0, 1, 2, 3, 4, 5. Es sind also $6 \cdot 6 \cdot 6 = 216$ mögliche Gesamtergebnisse zu erwarten, die sich auf 8 Spalten verteilen (je nachdem, welche der drei Zahlen gerade und welche ungerade ist). Das bedeutet, dass die Tabelle 27 Zeilen haben muss:

ggg	*ggu*	*gug*	*guu*	*ugg*	*ugu*	*uug*	*uuu*
000	001	010	011	100	101	110	111
002	003	012	013	102	103	112	113
004	005	014	015	104	105	114	115
020	021	030	031	120	121	130	131
022	023	032	033	122	123	132	133
024	025	034	035	124	125	134	135
040	041	050	051	140	141	150	151
042	043	052	053	142	143	152	153
044	045	054	055	144	145	154	155
200	201	210	211	300	301	310	311
202	203	212	213	302	303	312	313
204	205	214	215	304	305	314	315
220	221	230	231	320	321	330	331

ggg	*ggu*	*gug*	*guu*	*ugg*	*ugu*	*uug*	*uuu*
222	223	232	233	322	323	332	333
224	225	234	235	324	325	334	335
240	241	250	251	340	341	350	351
242	243	252	253	342	343	352	353
244	245	254	255	344	345	354	355
400	401	410	411	500	501	510	511
402	403	412	413	502	503	512	513
404	405	414	415	504	505	514	515
420	421	430	431	520	521	530	531
422	423	432	433	522	523	532	533
424	425	434	435	524	525	534	535
440	441	450	451	540	541	550	551
442	443	452	453	542	543	552	553
444	445	454	455	544	545	554	555

Und wieder kann man durch Wahl der verwendeten Karten und Wahl der relevanten Aspekte (rot-schwarz usw.) erreichen, dass das konkret erzielte Ergebnis in einer ganz speziellen Spalte zu finden ist. Und dieses Wissen kann dann in Form einer Prognose oder in Form einer kontrollierten Verteilung von Preisen ausgenutzt werden.

3. Bemerkenswerterweise kann man den Ablauf noch stärker beeinflussen: Die Spalte, in der das Endergebnis liegen wird, kann kurzfristig vorherbestimmt werden. Das geht so.

Diesmal beginnen wir mit acht Karten, die wir von 1 bis 8 durchnummerieren: Kreuz 4, Kreuz 3, …, Herz 5, Karo 9 (Bild 9.1.2).

(Zu den Karten in Bild 9.1.1 sind noch zwei Karten hinzugefügt worden.) Wir haben sie unter Berücksichtigung der Merkmale (rot-schwarz), (kleiner als 7, größer als 7), (gerade, ungerade) ausgesucht. Wir kürzen ab:

Bild 9.1.2: Diese Karten sollte man bereithalten.

- A: rot; a: schwarz;
- B: kleiner als 7; b: größer als 7;
- C: gerade; c: ungerade.

Dann können die 8 Karten übersichtlich klassifiziert werden:

Karte	1	2	3	4	5	6	7	8
Klasse	aBC	aBc	abc	aBc	ABC	AbC	ABc	Abc

Wirklich sind die Merkmale A, a, B, b, C, c jeweils fünfmal vertreten. Wenn wir also alle Karten in jeder Runde zu vier auszulegenden Pärchen verwenden und drei Runden spielen würden, so wären nur ungerade Ergebnisse zu erwarten. (Runde 1: Haben die Pärchenkarten verschiedene Farben? usw.)

Wir werden aber zwei Karten wegnehmen. Dann werden sich diese Zahlen ändern, und wie sie sich ändern, wird von den entfernten Karten abhängen.

Nehmen wir zum Beispiel die Karten 1 und 2 weg, die Kreuz 4 und die Kreuz 3. Dann haben wir 6 Karten mit den folgenden Merkmalen:

- 4 Karten sind rot, 2 Karten sind schwarz.
- 4 haben einen Wert größer als 7, 2 Karten kleiner als 7.
- 3 Karten sind gerade, 3 Karten sind ungerade.

Dann wissen wir aus dem Mathematikteil: Wenn man mit diesen Karten drei Pärchen bildet, so ist die Anzahl derjenigen Pärchen gerade (0 oder 2), die eine rote und eine schwarze Karte enthalten. Entsprechend ist im zweiten Durchgang die Anzahl gerade, bei denen Karten vorkommen, die kleiner und größer als 7 sind. Und schließlich ist eine ungerade Pärchenzahl zu erwarten, wenn es um Pärchen geht, bei denen eine gerade und eine ungerade Zahl vorkommen.

Kurz zusammengefasst heißt das: Man kann sicher sein, dass nach drei Runden das konkret gefundene Ergebnis in Spalte 2 der am Anfang des Abschnitts gezeigten Tabelle zu finden sein wird. Die geben wir hier noch einmal wieder: In die erste Spalte schreiben wir, wie in den drei Durchgängen gerade und ungerade Ergebnisse verteilt sind. (Über Spalte 2 steht zum Beispiel ggu für «gerade-gerade-ungerade».)

ggg	*ggu*	*gug*	*guu*	*ugg*	*ugu*	*uug*	*uuu*
000	001	010	011	100	101	110	111
002	003	012	013	102	103	112	113
020	021	030	031	120	121	130	131
022	023	032	033	122	123	132	133
200	201	210	211	300	301	310	311
202	203	212	213	302	303	312	313
220	221	230	231	320	321	330	331
222	223	232	233	322	323	332	333

Nun gibt es 28 Möglichkeiten, zwei Karten von acht Karten wegzunehmen, das führt zu vielen verschiedenen Zauberkunststücken. Es folgt eine Übersicht: In welcher Spalte wird das Ergebnis zu finden sein, wenn man zwei spezielle Karten weglässt? Die erste Möglichkeit haben wir gerade analysiert.

wegnehmen	1, 2	1, 3	1, 4	1, 5	1, 6	1, 7	1, 8
Ergebnis in Spalte	2	3	4	5	7	6	8
wegnehmen	2, 3	2, 4	2, 5	2, 6	2, 7	2, 8	3, 4
Ergebnis in Spalte	4	3	6	8	5	7	2
wegnehmen	3, 5	3, 6	3, 7	3, 8	4, 5	4, 6	4, 7
Ergebnis in Spalte	7	7	8	6	8	6	7
wegnehmen	4, 8	5, 6	5, 7	5, 8	6, 7	6, 8	7, 8
Ergebnis in Spalte	5	3	2	4	4	2	3

Bis auf Spalte 1 kann man sich also jede Spalte aussuchen, in der am Ende das Ergebnis der drei Durchgänge stehen wird. Und das kann man sehr kurzfristig machen, wenn man die Karten unauffällig nummeriert und die vorige Tabelle irgendwo diskret deponiert hat. Zum Beispiel kann man 7 Gewinnkärtchen vorbereiten, die von den Zuschauern auf die Spalten 2, 3, 4, 5, 6, 7, 8 verteilt werden. (Für Spalte 1 ist schon ein unattraktiver Gewinn eingetragen.) Ein Zuschauer spielt das Spiel, und der Zauberer hat vorausgesagt, wie hoch sein Gewinn sein wird (den er durch Wahl der Karten selber bestimmen kann).

4. Bisher wurden die Kunststücke mit recht wenigen Karten vorgeführt. Der Grund: Mit wachsender Kartenzahl wächst die Größe der vorzubereitenden Tabellen rasant.

Es geht aber auch ganz anders, wir erläutern das an der Tabelle aus Variation 2. Da gibt es also 10 Karten, und wir wollen mit drei Merkmalen arbeiten: (rot-schwarz), (kleiner als 7, größer als 7), (gerade, ungerade). Wir haben es so eingerichtet, dass alle Merkmale gleich verteilt sind: 5 rote Karten, 5 schwarze Karten, 5 Kartenwerte sind kleiner als 7, usw. Dann ist in jedem Durchgang ein ungerades Ergebnis zu erwarten, wenn nach Pärchen mit verschiedenen Ausprägungen der Merkmale gefragt wird:

* Wie viele Pärchen enthalten zwei Kartenfarben?
* Wie viele Pärchen enthalten eine Karte, die größer als 7, und eine, die kleiner als 7 ist?
* Wie viele Pärchen enthalten eine Karte mit einem geraden und eine mit einem ungeraden Wert?

Und diesmal fragen wir nach der *Summe der Werte*. Nun ist die Summe aus drei ungeraden Zahlen ungerade, als Summe ist also eine ungerade Zahl zwischen 0 (Minimalsumme) und 18 (Maximalsumme) zu erwarten.

Der Zauberer hat 18 nummerierte «Gewinnkärtchen» vorbereitet, die er den Zuschauern zeigt. Auf denen mit einer geraden Zahl stehen tolle Sachen: 100 Euro! Ein Festessen zu zweit! ... Die mit den ungeraden Zahlen fallen dagegen ab: 1 Cent, Niete, 5 Cent, ...

Dann kann das Spiel beginnen, und der Zauberer kann sicher sein, dass ihn der Ausgang nicht ruinieren wird.

9.2
Kreisverkehr

Das Zauberkunststück: Der Zauberer zeigt einen Kartenstapel, der wird ein bisschen aufgefächert und kurz bildoben präsentiert. Es wird einige Male abgehoben, dann werden die Karten bildunten in einer Reihe auf den Tisch gelegt (Bild 9.2.1). Ein Zuschauer kann ganz nach Gutdünken sieben Karten von dieser Reihe von links und rechts wegnehmen.

Bild 9.2.1: 14 Karten, davon werden 7 entfernt.

Die restlichen Karten werden weiter durcheinandergebracht und dann in einem Kreis bildunten ausgelegt (Bild 9.2.2, links).

Der Zuschauer dreht eine der Karten um (Bild 9.2.2, Mitte). Und dann passiert Folgendes: Je nachdem, wie groß der Wert der Karte ist, beginnt ein Spaziergang im Kartenkreis. Wurde zum Beispiel eine 3 aufgedeckt, geht es um 3 Schritte im Uhrzeigersinn weiter, und die Karte, auf der der Spaziergang endet, wird auch aufgedeckt (Bild 9.2.2, rechts). Diese Zahl gibt an, wie viele Schritte als Nächstes im Kreis zu machen sind, die letzte Karte dieses zweiten Spaziergangs wird wieder aufgedeckt. (Hier zählt übrigens Ass als Eins, und Bildkarten kommen erst einmal nicht vor.)

Bild 9.2.2: Die ersten Schritte des Kreisspaziergangs.

Das geht so lange weiter, bis alle Karten bis auf eine aufgedeckt sind, es könnte so aussehen wie in Bild 9.2.3 Die bildoben liegenden Karten wurden dabei in der Reihenfolge 3, 2, 6, 4, 5, 1 aufgedeckt.

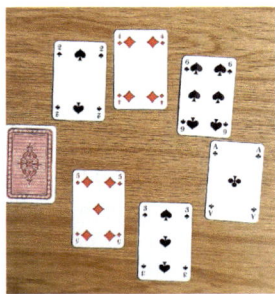

Bild 9.2.3: Alle Karten bis auf eine sind aufgedeckt.

Vom Ass aus würde es wieder zur 3 gehen, denn das Ass zählt 1. Ab da würde sich der Spaziergang wiederholen.

Und nun bringt der Zauberer das Kunststück spektakulär zu Ende: Die letzte noch nicht umgedrehte Karte wird gezeigt. Sie ist die einzige bildunten liegende Karte in einem Kartenstapel, der schon die ganze Zeit auf dem Tisch liegt.

Der mathematische Hintergrund: Der «Spaziergang im Kreis», der durch die Kartenwerte vorgegeben war, ist eigentlich eine verkleidete Variante des *Kreisrechnens*. Damit können wir im täglichen Leben bei Wochentagen und Zeiten problemlos umgehen. Die wichtigsten Tatsachen sind im Anhang 12.1 zusammengestellt, sie werden gleich eine Rolle spielen.

Im Zauberkunststück hatten wir es mit 7 Zahlen zu tun, wir werden zunächst bei den Wochentagen bleiben. Stellen wir uns eine *Wochentagsuhr* vor: Da sind die Tage in einem Kreis angeordnet (siehe auch das Bild 12.1.1 im Anhang 12.1). Wir starten beim Mittwoch und nehmen an, dass auf der Uhr an den 7 Positionen jeweils eine Zahl notiert ist. Etwa so (wobei wir aus drucktechnischen Gründen die Namen der Wochentage abkürzen und sie nicht als Kreis, sondern hintereinander angeordnet haben):

Mo	Di	Mi	Do	Fr	Sa	So
3	4	2	9	1	4	3

Die Vorschrift: Die Zahl gibt an, wie viele Wochentage es von dieser Stelle aus weitergehen soll. Wir starten am Mittwoch. Da sollen wir 2 Schritte machen, wir sind dann am Freitag. Hier sind die Stationen:

Mittwoch – Freitag – Sonnabend – Mittwoch,

und von nun an geht es immer in dieser Reihenfolge weiter.

Für das hier zu besprechende Zauberkunststück betrachten wir eine andere Zahlenbelegung:

Mo	Di	Mi	Do	Fr	Sa	So
2	4	6	1	3	5	7

Diesmal würde ein am Mittwoch startender Spaziergang die folgenden Wochentage berühren:

Mittwoch – Dienstag – Samstag – Donnerstag –
Freitag – Montag – Mittwoch,

und erst danach geht es wieder von vorn los. *Dieser* Spaziergang trifft also *alle Tage* außer Sonntag, und das wäre auch der Fall gewesen, wenn wir an einem anderen Tag gestartet wären. (Mit der Ausnahme des Sonntag natürlich: Wenn wir dort starten, wird immer nur der Sonntag getroffen.)

Und nun ist es nur noch ein winziger Schritt, um die mathematische Grundlage des Zauberkunststücks zu verstehen: Die Karten, die im Kreis bildunten ausgelegt werden, haben die Werte 2, 4, 6, 1, 3, 5, 7, und wenn man nicht gerade auf der Karte mit der 7 startet, werden alle Karten außer der 7 bei dem entsprechenden Spaziergang berührt.

Wenn man die 7 Karten übrigens vorher abhebt, ändert sich nichts Wesentliches: Es wird mit dem Auslegen zu einem Kreis nur mit einer anderen Karte begonnen.

Wir haben gesehen: Die Zahlenfolge 2, 4, 6, 1, 3, 5, 7 war geeignet, damit der Spaziergang sechs Positionen berührt, die davor betrachtete Folge 3, 4, 2, 9, 1, 4, 3 aber nicht. Gibt es noch andere geeignete Folgen als die 2, 4, 6, 1, 3, 5, 7? Die Antwort: Wenn man alle Zahlen von 1 bis 7 verwenden möchte, gibt es nur sehr wenige geeignete Kandidaten. Nur etwa 2 Prozent der möglichen Umordnungen der Zahlen von 1 bis 7 haben die gewünschte Eigenschaft. Hier sind weitere Beispiele:

Mo	Di	Mi	Do	Fr	Sa	So
2	6	3	1	4	5	7
2	1	5	2	4	6	7
5	2	6	1	3	4	7

In dem Kunststück werden auch noch *zwei weitere Tatsachen* verwendet.

Fakt 1. Zur Erläuterung bereiten wir Karten mit den Werten 1, …, 7 in dieser Reihenfolge vor (die 1 repräsentieren wir wie üblich durch ein Ass). Wir suchen uns zwei Sätze dieser Karten und legen sie überlappend nebeneinander, etwa wie in Bild 9.2.4.

Bild 9.2.4: Die Ausgangssituation, bildoben dargestellt.

(Wir zeigen das alles bildoben, bei der Vorführung werden die Bildseiten nicht zu sehen sein.) Nun darf jemand sieben Karten wegnehmen, wobei er sich aussuchen kann, wie viele er von links bzw. rechts entfernt (für ein Beispiel siehe Bild 9.2.5).

Bild 9.2.5: ... jemand hat 7 Karten entfernt.

Bemerkenswert ist nun, dass erstens wieder alle Karten von 1 bis 7 vorkommen und dass sie auch noch in der gleichen zyklischen Reihenfolge liegen wie vorher: Zum Beispiel liegt die 7 – zyklisch gesehen – drei Karten weiter als die 4, also genau so, als wenn man einen Stapel 1, 2, 3, 4, 5, 6, 7 einfach abgehoben hätte.

Und das gilt auch dann, wenn die Reihenfolge komplizierter ist. Wir werden gleich die folgende Tatsache ausnutzen: Liegen Karten (in beliebigen Kartenfarben) in der Reihenfolge

$$2, 4, 6, 1, 3, 5, 7, 2, 4, 6, 1, 3, 5, 7$$

nebeneinander auf dem Tisch und entfernt man insgesamt 7 Karten von links und rechts, so entsteht eine Zahlenfolge, die auch durch Abheben aus 2, 4, 6, 1, 3, 5, 7 entstehen könnte.

Fakt 2. Liegt ein Kartenstapel zweimal hintereinander in der gleichen Reihenfolge (etwa 2, 4, 6, 1, 3, 5, 7, 2, 4, 6, 1, 3, 5, 7) und wird einmal abgehoben, so liegen wieder 7 Karten in der gleichen Reihenfolge, und zwar zweimal die Karten, die durch Abheben aus der ersten Hälfte des Stapels entstanden sind. Konkret: Wenn nach Abheben die Kartenreihenfolge 5, 7, 2, 4, 6, 1, 3, 5, 7, 2, 6, 1, 3 entstanden ist, so ist das zweimal die Folge 5, 7, 2, 4, 6, 1, 3, die man auch durch Abheben aus 2, 4, 6, 1, 3, 5, 7 erhält.

Zusammen heißt das: Bereitet man Karten in der Reihenfolge 2, 4, 6, 1, 3, 5, 7, 2, 4, 6, 1, 3, 5, 7 vor, so kann man abheben lassen (auch mehrfach, und auch Charliermischen; siehe den Abschnitt «Lies mich!»), dann bildunten ausstreifen und 7 Karten beliebig von rechts und links entfernen lassen. Am Ende wird ein Stapel aus 7 Karten entstehen, der für das Kunststück geeignet ist.

Wie ist der Trick vorzubereiten? Wir brauchen ein Bridgespiel, denn in einem Skatspiel fehlen die Karten mit kleinem Wert. Wir suchen uns je zweimal Ass (das ist unsere 1) und die Zahlenkarten 2, 3, 4, 5, 6, 7 heraus. Die legen wir – von oben nach unten – so zusammen: 2, 4, 6, 1, 3, 5, 7, 2, 4, 6, 1, 3, 5, 7 (Bild 9.2.6). Die Karten mit der 7 sollten dieselbe Kartenfarbe haben, denn eine wird den Auswahlprozess überstehen, und sie sollte dann mit der Vorhersagekarte (auch eine Pik 7) übereinstimmen.[1]

Bild 9.2.6: Die Vorbereitung: 2, 4, 6, 1, 3, 5, 7, 2, 4, 6, 1, 3, 5, 7.

---

1) Dazu müssten dann mehrere Kartenspiele zum Einsatz kommen.

Schließlich braucht man noch einen weiteren Kartenstapel (den *Vorhersagestapel,* Bild 9.2.7). Das muss kein Bridgespiel sein. Der wird gut gemischt und so vorbereitet, dass alle Karten bildoben liegen, die besondere Karte (Pik 7) aber als einzige bildunten, etwa in der Mitte.

Bild 9.2.7: Der Vorhersagestapel, die Pik 7 ist als einzige Karte umgedreht.

Was ist bei der Durchführung zu beachten? Der Vorhersagestapel kommt auf den Tisch, er wird vorläufig nicht beachtet. Die 14 vorbereiteten Karten werden kurz leicht aufgefächert bildoben gezeigt, dabei sollte verborgen bleiben, dass die beiden 7er-Karten identisch sind.

Von nun an bleiben die Karten erst einmal bildunten. Und dann:
- Die Karten werden zu einem Stapel zusammengeschoben und können abgehoben werden (auch evtl. Charliermischen und falsches Abheben; siehe Abschnitt «Lies mich!»).
- Sie werden auf dem Tisch überlappend ausgestreift, dann können von links und rechts insgesamt 7 Karten entfernt werden.
- Es bleiben 7 Karten. Die werden wieder zusammengeschoben und es wird noch einmal abgehoben.
  Für uns: Die Karten liegen nun – von oben – in einer Reihenfolge, die durch Abheben aus 2, 4, 6, 1, 3, 5, 7 entstanden sein könnte. Daher sind sie für das Kunststück geeignet.

- Schließlich werden die Karten bildunten als Kreis ausgelegt, ein Zuschauer darf sich wünschen, wo es losgeht.

Jetzt fehlt nur noch das Finale. Jemand tippt auf eine der Karten im Kreis und dreht sie um.

Fall 1: Er tippt auf die Pik 7. Mit diesem Fall ist in einem Siebentel der Fälle zu rechnen, also mit etwa 14 Prozent Wahrscheinlichkeit.

Das bringt man so zu Ende. «Glückwunsch, ich wusste, dass Sie ausgerechnet diese Karte wählen würden!» Zum Beweis zeigt man, dass die Pik 7 die einzige Karte ist, die im Vorhersagestapel andersherum liegt.

Fall 2: Er tippt auf eine andere Karte. Dieser Fall ist interessanter, er wird mit 6/7 Wahrscheinlichkeit eintreten, also mit etwa 86 Prozent.

Die gewählte Karte wird umgedreht. Dann geht es so viele Schritte weiter, wie der Kartenwert angibt. Die Karte, bei der man angekommen ist, wird ebenfalls umgedreht, und der Spaziergang geht weiter. Das wird so lange fortgesetzt, bis sechs Karten bildoben liegen. Ab da würde sich der Spaziergang wiederholen.

Und welche Karte hat sich geweigert, umgedreht zu werden? Die Zauberin dreht die einzige um, die noch bildunten liegt: Es ist genau diejenige, die im Vorhersagestapel eine ausgezeichnete Rolle spielt.

Die Präsentation: Das Finale kann man ein bisschen dramatisch gestalten: Die Zauberin könnte in beiden Fällen die Pik 7 über den Vorhersagestapel halten, Zaubersprüche murmeln und so auf magische Weise die entsprechende Karte dazu bringen, sich umzudrehen.

Varianten: 1. Bisher hatten wir alles für 7 Karten und die Folge 2, 4, 6, 1, 3, 5, 7 beschrieben. Weiter oben hatten wir auch schon andere mögliche Folgen von 7 Karten vorgeschlagen, die sich ebenfalls verwenden lassen.

Es geht aber *mit jeder beliebigen ungeraden Kartenanzahl* (bei einer geraden Anzahl kann man nicht erreichen, dass alle Kartenwerte unterschiedlich sind). Bei 5 Karten wäre der Ablauf wie folgt:

> Man fängt an mit 10 Karten, die bildunten und überlappend in der Reihenfolge 5, 2, 4, 1, 3, 5, 2, 4, 1, 3 liegen. Für die 5 wurde zweimal die Pik 5 gewählt, und eine Pik 5 liegt auch als einzige Karte bildunten im Vorhersagestapel. Es kann abgehoben werden, danach werden die 10 Karten bildunten ausgestreift. Dann nimmt ein Zuschauer insgesamt 5 Karten von links und rechts weg, und es wird noch einmal abgehoben. Dann wird ein Kreis aus 5 Karten ausgelegt und es kann losgehen.

Vorzubereiten wären also etwa die Karten wie in Bild 9.2.8:

Bild 9.2.8: Eine mögliche Vorbereitung im Fall von (zweimal) 5 Karten.

Und im Vorhersagestapel liegt die umgedrehte Pik 5.
Und hier ist ein Beispiel für 9 Karten:

> Man fängt an mit 18 Karten, die bildunten und überlappend in der Reihenfolge
>
> $$9, 1, 4, 5, 8, 2, 7, 3, 6, 9, 1, 4, 5, 8, 2, 7, 3, 6$$

liegen (siehe Bild 9.2.9). Für die 9 wurde zweimal die Pik 9 gewählt, damit sie am Ende mit der Prognose identisch ist. Anschließend wird ein Kreis aus 9 Karten ausgelegt, danach beginnt das Finale.

Bild 9.2.9: Eine mögliche Vorbereitung im Fall von (zweimal) 9 Karten.

Im Vorhersagestapel liegt eine umgedrehte Pik 9.

2. Bei einem Spaziergang in einem Kreis aus 7 Karten ist es völlig egal, ob die Karte den Wert 2 oder den Wert 9 hat: Der Spaziergang endet auf jeden Fall auf derjenigen Karte, die zwei Karten weiter liegt; wurden 9 Schritte gemacht, gab es nur so etwas wie eine Ehrenrunde. (Das kennen wir natürlich, wenn es um Wochentage geht: In zwei Tagen ist derselbe Wochentag wie in 9 Tagen. In der Terminologie des Kreisrechnens könnte man das als $(n + m)$ mod $m = m$ formulieren.) Ganz analog ist 1 gleichwertig zu 8 und 3 gleichwertig zu 10.

Die Nutzanwendung: Man könnte in der Vorbereitung die Karten so wie in Bild 9.2.10 wählen.

3. Man kann das Finale auch ganz anders gestalten, wenn das Kunststück aus Anlass eines Geburtstags oder eines Jubiläums vorgeführt wird. Da verzichtet man auf den Vorhersagestapel und schreibt einfach auf die Karten mit der 7 einen netten Gruß.

Es muss dann aber darauf geachtet werden, dass bei dem kur-

Kreisverkehr

Bild 9.2.10: Eine Variante zur Vorbereitung des 7er-Kunststücks.

zen Auffächern des 14er-Stapels die beschrifteten Karten verdeckt bleiben. Das kann man durch Abheben und vorsichtiges Auffächern leicht erreichen.

9.3
Welche Karte überlebt?

Das Zauberkunststück: Ein Kartenspiel wird gemischt, und dann wählt ein Zuschauer eine Karte. Die schaut er sich an und zeigt sie den anderen Zuschauern, aber nicht dem Zauberer. Dann verschwindet die Karte irgendwo im Stapel, der dann auch noch weiter kräftig durcheinandergebracht wird und am Ende bildunten auf dem Tisch liegt.

Der Zauberer behauptet, eine besondere Beziehung zu dieser ihm unbekannten Karte aufgebaut zu haben: Sie möchte unbedingt bei ihm bleiben. Um das zu demonstrieren, wird der Stapel zwischen Zuschauer und Zauberer aufgeteilt: eine Karte für den Zauberer, eine für den Zuschauer, eine für den Zauberer, eine für den Zuschauer und so weiter. Der Zuschauer sieht sich seine Karten an. Die von ihm gewählte ist nicht dabei, obwohl es eigentlich mit 50 Prozent Wahrscheinlichkeit hätte sein müssen.

Also das Ganze noch einmal mit den Karten des Zauberers: Ausgeben Zauberer-Zuschauer, und wieder ist die Karte nicht beim Zuschauer angekommen! Das geht so weiter, bis nur noch eine einzige Karte beim Zauberer verblieben ist. Die große Überraschung: Das ist die Zuschauerkarte!

Übrigens: Es sei schon verraten, dass das Spiel 32 Karten hatte und dass die Zuschauerkarte vom Zauberer unauffällig an die 11-te Stelle von oben gebracht worden war.

Der mathematische Hintergrund: Es wird nützlich sein, zwei Begriffe einzuführen. Wir stellen uns einen Stapel mit n Karten vor, beim eben geschilderten Kunststück waren es 32 Karten. Diese Karten sind für unsere Analyse von oben nach unten durchnummeriert: $1, 2, \ldots, n$.

Der Stapel wird bildunten vom Zauberer in die Hand genommen, und die Karten werden eine nach der anderen ausgegeben: links auf den Tisch, rechts auf den Tisch, immer wieder, bis alle Karten ausgegeben sind. Auf diese Weise entstehen zwei Teilstapel. Der rechte wird zur Seite gelegt, mit dem linken passiert das Gleiche noch einmal: links-rechts ausgeben, rechten Stapel aussortieren. Das wird so oft wiederholt, bis nur noch eine Karte übrig ist. Wir wollen dieses Verfahren das *Links-überlebt-Verfahren* nennen und die Nummer derjenigen Karte, die am Ende übrig geblieben ist, mit $L(n)$ bezeichnen. So kann man kurz die Grundlage für das obige Kunststück zusammenfassen: $L(32) = 11$.

Man kann sich schnell davon überzeugen, dass $L(2) = 1$ und $L(3) = 3$ gilt, und im Prinzip, kann man jedes $L(n)$ durch Ausprobieren ermitteln. Es geht aber eleganter. Dazu kombinieren wir zwei Beobachtungen:

Erste Beobachtung: Wenn die Kartenanzahl n gerade ist, so wird die letzte Karte im rechten Stapel landen, wird also im nächsten Schritt aussortiert werden. Man hätte sie also gleich weglassen können. Kurz: Ist n gerade, also von der Form $n = 2k$ für ein geeignetes k, so ist $L(2k - 1) = L(2k)$. Es reicht also, die Zahlen $L(n)$ für ungerade n zu kennen.

Zweite Beobachtung: Kennt man den Wert von $L(n)$ für ein n, so kann man den L-Wert auch leicht für eine etwa doppelt so große Zahl bestimmen. Das erläutern wir an einem Beispiel. Angenommen, wir sind an $L(5)$ interessiert. Beim ersten Ausgeben entstehen zwei Teilstapel: links 5 3 1 und rechts 4 2. Der rechte Teilstapel kommt weg und der linke besteht aus 3 Karten. Wir wissen aber schon, dass $L(3) = 3$ gilt, und das bedeutet: Die dritte Karte wird überleben, und das ist die Karte mit der Nummer 1. Zusammen heißt das: $L(5) = 1$, und wegen der ersten Beobachtung können wir das durch $L(6) = 1$ ergänzen.

Genauso könnte es weitergehen. Wenn man 9 nummerierte Karten links-rechts austeilt und den rechten Stapel entfernt, geht es mit dem Teilstapel 9 7 5 3 1 weiter. Der hat 5 Karten, es wird also – wie eben gezeigt – die erste Karte am Ende überleben. Das ist die mit der Nummer 9, d. h. $L(9) = 9$ und damit auch $L(10) = 9$.

Wenn man möchte, kann man diese Idee als *allgemeine Formel* zusammenfasssen: $L(2k + 1) = 2k + 3 - 2L(k + 1)$, die wir exemplarisch für die Fälle $k = 2$ und $k = 3$ erläutert haben: $L(5) = L(2 \cdot 2 + 1) = 2 \cdot 2 + 3 - 2L(3) = 4 + 3 - 2 \cdot 3 = 1$ und $L(9) = L(2 \cdot 4 + 1) = 2 \cdot 4 + 3 - 2L(5) = 8 + 3 - 2 \cdot 1 = 9$.

Es ist mit Hilfe dieser Beobachtungen leicht, für die n, die eventuell für die Zauberei interessant sein könnten, die zugehörigen $L(n)$ zu ermitteln. Hier ist eine Tabelle:

n	L(n)	n	L(n)	n	L(n)	n	L(n)
3, 4	3	5, 6	1	7, 8	3	9, 10	9
11, 12	11	13, 14	9	15, 16	11	17, 18	1
19, 20	3	21, 22	1	23, 24	3	25, 26	9
27, 28	11	29, 30	9	31, 32	11	33, 34	33
35, 36	35	37, 38	33	39, 40	35	41, 42	41
43, 44	43	45, 46	41	47, 48	43	49, 50	33
51, 52	35	53, 54	33	55, 56	35	57, 58	41
59, 60	43	61, 62	41	63, 64	43	65, 66	1
67, 68	3	69, 70	1	71, 72	3	73, 74	9
75, 76	11	77, 78	9	79, 80	11	81, 82	1
83, 84	3	85, 86	1	87, 88	3	89, 90	9
91, 92	11	93, 94	9	95, 96	11	97, 98	33

Tabelle 1: Die $L(n)$ für n = 3, ..., 98.

So liest man etwa ab, dass für ein Skatspiel ($n = 32$) die Beziehung $L(32) = 11$ gilt, und im Fall eines Bridgespiels ($n = 52$) ist die Gleichung $L(52) = 35$ interessant.

Als zweite Vokabel ist auf das *Rechts-überlebt-Verfahren* hinzuweisen. Da wird wieder links-rechts-links-rechts usw. ausgegeben, diesmal geht es aber mit dem *rechten* Teilstapel weiter. Und auch wieder so lange, bis nur noch eine einzige Karte übrig bleibt. Mit $R(n)$ bezeichnen wir die Nummer dieser Karte. Für kleinere n kann man $R(n)$ schon im Kopf ausrechnen, etwa $R(2) = 2$, $R(3) = 2$, $R(4) = 2$. Und wieder gibt es zwei Beobachtungen, die eine schnelle systematische Ermittlung der $R(n)$ gestatten.

Beobachtung 1: Wenn n ungerade, also von der Form $n = 2k + 1$ ist, landet die letzte Karte auf dem ersten Teilstapel, wird also sofort aussortiert und spielt eigentlich keine Rolle. Kurz: $R(2k + 1) = R(2k)$.

Beobachtung 2: Man kommt auch wieder schnell zu größeren Werten von n. Als Beispiel betrachten wir den Fall $n = 8$. Beim ersten Ausgeben entstehen die Teilstapel 7 5 3 1 und 8 6 4 2. Mit dem zweiten wird weitergemacht. Das ist ein Stapel von 4 Karten, und da wir schon wissen, dass in diesem Fall die zweite Karte von oben übrig bleibt, heißt das $R(8) = 6$. Nach einigen weiteren Beispielrechnungen kann man das dann allgemein formulieren: $R(2k) = 2(k + 1 - R(k))$. Für $k = 4$ haben wir das gerade bewiesen; wir kontrollieren das mit der allgemeinen Formel an einem Beispiel:

$$R(8) = R(2 \cdot 4) = 2(4 + 1) - R(4) = 2(4 + 1 - 2) = 6.$$

Es folgt eine Tabelle mit den möglicherweise für das Zaubern interessanten Zahlen:

n	R(n)	n	R(n)	n	R(n)	n	R(n)
2, 3	2	4, 5	2	6, 7	4	8, 9	6
10, 11	8	12, 13	6	14, 15	8	16, 17	6
18, 19	8	20, 21	6	22, 23	8	24, 25	14
26, 27	16	28, 29	14	30, 31	16	32, 33	22
34, 35	24	36, 37	22	38, 39	24	40, 41	30
42, 43	32	44, 45	30	46, 47	32	48, 49	22
50, 51	24	52, 53	22	54, 55	24	56, 57	30
58, 59	32	60, 61	30	62, 63	32	64, 65	22
66, 67	24	68, 69	22	70, 71	24	72, 73	30
74, 75	32	76, 77	30	78, 79	32	80, 81	22
82, 83	24	84, 85	22	86, 87	24	88, 89	30
90, 91	32	92, 93	30	94, 95	32	96, 97	54

Tabelle 2: Die R(n) für n = 2, ..., 97.

Wie ist der Trick vorzubereiten? Man muss sich nur eine Kartenanzahl n wählen, dann entscheiden, ob man das Links- oder Rechtsüberlebt-Verfahren verwenden möchte, und dann $L(n)$ bzw. $R(n)$ aus der Tabelle ablesen. Von der Größe von n hängt es ab, wie lange das Zauberkunststück später dauern wird. Daher empfiehlt sich eine Größenordnung von etwa 30 bis etwa 60.

Bei der Durchführung werden auch in einigen Versionen gewisse Mischverfahren eine Rolle spielen. Es empfiehlt sich, die immer und immer wieder zu üben.

Was ist bei der Durchführung zu beachten? Der Ablauf soll am Beispiel von 30 Karten beschrieben werden, wir wollen $R(30) = 16$ ausnutzen.

30 Karten werden einem Zuschauer als Stapel bildunten übergeben. Er kann ihn ausführlich mischen. Dann schaut er sich die unterste Karte an, zeigt sie den anderen Zuschauern (aber nicht dem Zauberer) und legt den Stapel bildunten auf den Tisch.

Der Zauberer nimmt ihn und mischt so, dass es erstens gründlich aussieht und zweitens am Ende die Zuschauerkarte an Position 16 liegt. Dazu kann man einige der Mischverfahren einsetzen, die im Abschnitt «Lies mich!» beschrieben sind. (Eine Möglichkeit, ganz ohne Mischen auszukommen, wird weiter unten unter «Varianten» beschrieben.) Zum Beispiel so:
- Unterste Karte nach oben mischen (Mischverfahren «Mischen 3» in «Lies mich!»).
- Oberste Karte nach oben mischen («Mischen 2»).
- Unterste Karte nach oben mischen («Mischen 3»).
- 15 Karten über die oberste Karte mischen («Mischen 5»).
- Falsch abheben («Mischen 1»).

Nun sind alle überzeugt, dass perfekt gemischt wurde, aber die Zielkarte liegt kontrolliert an Position 16. Wegen $R(30) = 16$ wird sie beim Rechts-überlebt-Verfahren übrig bleiben.

Das kann man wie folgt ausnutzen, das Motto dabei: Die Karte will sich von dir nicht trennen!

Also wird ausgegeben: Zauberer-Zuschauer, immer abwechselnd; Zauberer-Teilstapel weg, der kann vorher angesehen werden (Zuschauerkarte dabei?) oder auch nicht. Und das Ganze so lange, bis nur noch eine einzige Karte beim Zuschauer übrig ist: Das ist seine Zielkarte!

Möchte man lieber das Links-überlebt-Verfahren anwenden, so sollte das Motto sein: Die Karte will unbedingt beim Zauberer bleiben!

Wer sich das Leben vereinfachen will, kann sich ja ein n mit $L(n) = 1$ (zum Beispiel $n = 22$) oder $L(n) = n$ (zum Beispiel $n = 33$) aussuchen. Dann bleibt beim Links-überlebt-Verfahren die oberste Karte (falls $L(n) = 1$) oder die unterste Karte (falls $L(n) = n$) übrig.

Man braucht dann nur einige Male die Verfahren «oberste Karte nach unten» und «unterste Karte nach oben» anzuwenden, bis die Zuschauerkarte – die ja ursprünglich ganz oben oder ganz unten liegt – an die richtige Stelle gekommen ist. (Im Fall $L(n) = n$ bräuchte man eigentlich gar nichts zu tun, doch das wäre sicher zu auffällig: Also einmal nach oben, dann wieder nach unten mischen.)

Die Präsentation: Man kann so tun, als wenn man die Zuschauerkarte durch Gedanken so beeinflusst, dass sie am Ende unbedingt beim Zuschauer bzw. beim Zauberer bleiben möchte. Auch ist darauf hinzuweisen, dass so etwas durch Zufall kaum passieren würde: Beim Links-rechts-Ausgeben gerät eine spezielle Karte mit Wahrscheinlichkeit 0.5 in einen speziellen Stapel. Hier wird das aber so etwa vier Mal gemacht, die Wahrscheinlichkeit ist dann nur noch $0.5 \cdot 0.5 \cdot 0.5 \cdot 0.5 = 0.0625$, also nur etwas über 6 Prozent.

Varianten: 1. Völlig ohne Fingerfertigkeit kommt man bei der hier zu beschreibenden Variante aus. Als Erstes wählen Sie Ihren Lieblingszauberspruch, etwa ABRA KA DABRA: der hat 11 Buchstaben, das wird gleich wichtig werden. Eine Zuschauerin bekommt ein Skatspiel (32 Karten), sie kann es so lange mischen, wie sie es für nötig hält.

Der Zauberer übernimmt den bildunten gehaltenen Stapel und zählt einzeln Karten auf den Tisch. Bei jeder Karte sagt er bedeutungsschwer einen Buchstaben des Zauberspruchs: A-B-R-A-K-A-D-A-B-R-A. Die Zuschauerin bekommt diesen aus 11 Karten bestehenden Teilstapel. Sie soll ungefähr die Hälfte abnehmen: Diese Karten sollen (für uns, um das Prinzip erläutern zu können) «Stapel 1» heißen, die restlichen dieser 11 Karten bilden einen Stapel 2.

Stapel 1 wird noch einmal gemischt (falls sie das will), dann soll sie sich die unterste Karte merken und sicherheitshalber auch den anderen Zuschauern zeigen.

Der Stapel kommt auf den Tisch, da liegen jetzt drei Stapel: Stapel 1, Stapel 2 und der am Anfang übrig gebliebene Reststapel mit 32 − 11 = 21 Karten (Stapel 3). Und nun muss sorgfältig zusammengelegt werden: Stapel 1 auf Stapel 3, und Stapel 2 kommt ganz nach oben. Falls es der Zauberer möchte, kann auch noch einmal falsch abgehoben werden (siehe Abschnitt «Lies mich!»).

Alle werden den Eindruck haben, dass die von der Zuschauerin gemerkte Karte irgendwo an einer völlig zufälligen Stelle im Stapel liegt. In Wirklichkeit liegt sie an der elften Stelle von oben: wegen der Buchstabenanzahl des Zauberspruchs und der Art des Zusammenlegens.

Und jetzt lässt sich das Links-überlebt-Verfahren anwenden, denn $L(32) = 11$. Man weiß also garantiert, dass die Zuschauerkarte überleben wird, und diese Tatsache lässt sich auf verschiedene Weisen für ein Zauberkunststück verwenden.

Wer einen *anderen Zauberspruch* präsentieren möchte, etwa einen mit 14 Buchstaben, sollte $R(29) = 14$ ausnutzen, mit 29 Karten arbeiten und die vorige Beschreibung entsprechend abwandeln.

2. Man kann das hier beschriebene Verfahren auch in einen Gruß an einen Jubilar verwandeln. Schreiben Sie etwas Nettes auf eine Spielkarte und bringen sie die (zum Beispiel) an die 11-te Stelle von oben in einem Skatspiel. Dann: Scheinbar durch falsches Abheben durcheinanderbringen; danach ausgeben: Jubilar–Zauberer, bis alle Karten verteilt sind; Zaubererstapel weg; die vorigen beiden Schritte immer wieder, bis beim Jubilar nur noch eine einzige Karte ist. Das ist sein ganz spezieller Gruß!

3. Bisher haben wir einen Stapel immer in zwei Teilstapel aufgeteilt und einen davon aus dem Spiel genommen: Immer den linken oder immer den rechten. Weitere Kunststücke ergeben sich, wenn man mehr als zwei Teilstapel bildet oder die Vorschriften «linker

Teilstapel weg» bzw. «rechter Teilstapel weg» abwechselnd anwendet.

Prinzipiell anders ist es bei der folgenden Variante, bei der *drei Karten übrig* bleiben. Sie geht wie folgt.

Drei Zuschauer spielen mit, sie sitzen an einem Tisch vor dem Zauberer. Die Karten eines Bridgespiels (52 Karten) werden gut gemischt, jeder der drei kann sich eine aussuchen: Er soll sie sich gut merken. Dann werden die restlichen 49 Karten bildunten verteilt: an den linken Zuschauer kommen 10, an die beiden anderen je 15; der Zauberer behält 9 Karten.

Nun kommt der Zufall ins Spiel:
- Zuschauer 1 legt seine Karte bildunten auf den linken Stapel und noch einige aus dem mittleren Stapel darüber.
- Zuschauer 2 legt seine Karte bildunten auf den Rest des mittleren Stapels und noch einige aus dem rechten Stapel darüber.
- Zuschauer 3 legt seine Karte bildunten auf den Rest des rechten Stapels, der Zauberer legt seine übrig gebliebenen Karten darüber.

Dann: mittlerer Stapel auf linken Stapel, rechten Stapel obendrauf.

Es ist ein Stapel aus 52 Karten entstanden, in dem die Zuschauerkarten scheinbar völlig zufällig verschwunden sind. In Wirklichkeit liegen sie aber an den Positionen 11, 27, 43 von unten. Alle Karten liegen immer noch bildunten.

Da gleich ein Stapel von 48 Karten erforderlich ist, entfernt der Zauberer die obersten vier Karten unter einem Vorwand, zum Beispiel, indem er bedeutungsschwer SIM SA LA BIM sagt, und bei jeder Silbe eine Karte wegnimmt.

Weiter geht es wie folgt: Die Karten werden von oben nach unten aufgeblättert, die erste bildoben, die zweite bildunten daneben auf den Tisch: die dritte wieder bildoben, dann bildunten usw. So entstehen zwei Teilstapel, bei einem liegen die Karten bildoben, beim anderen bildunten

Die Zuschauer sollen sich melden, wenn sie ihre Karte unter den bildoben liegenden entdeckt haben, doch keiner meldet sich. Der Teilstapel der bildunten liegenden Karten hat 24 Karten, mit denen passiert das Gleiche noch einmal, und wieder ist keine der Zuschauerkarten unter den aufgedeckten. Das Verfahren wird wiederholt, jetzt mit den 12 übrig gebliebenen Karten, noch einmal mit 6 Karten.

Da sind dann drei Karten übrig geblieben, und zwar von unten nach oben die Karten des linken, mittleren und rechten Zuschauers. Es gibt viele Möglichkeiten für den Zauberer, dieses Wissen spektakulär einzusetzen.

10

Zaubern mit dem Zufall

Zauberkunststücke, die nicht garantiert sicher, sondern nur mit einer hohen Wahrscheinlichkeit klappen, sind verständlicherweise nur in Maßen beliebt. Man kann es allerdings so einrichten, dass sie nur ganz, ganz selten schiefgehen.

Beispiele gab es schon in meinem Buch «Der mathematische Zauberstab», in diesem Kapitel kommen zwei weitere dazu:

- Ein Spiel, bei dem die Chancen für die Zauberin offensichtlich schlechter stehen, kann von ihr mit hoher Wahrscheinlichkeit gewonnen werden.
- Man kann ein klassisches Paradoxon der Wahrscheinlichkeitstheorie für eine Bierwette ausnutzen. Dafür sind keine Vorbereitung und kein Üben erforderlich.

10.1
Sind es mehr gleiche oder mehr ungleiche Pärchen?

Das Zauberkunststück: Hier geht es eher um eine Wette als um ein Zauberkunststück. Die Zauberin bietet ein Spiel an, bei dem sie ganz offensichtlich die schlechteren Chancen hat.

Die Wette lautet wie folgt. Es gibt 10 Spielkarten, 5 rote und 5 schwarze. Es wird ein Stapel gebildet, der vom Zuschauer gut gemischt wird. Dann werden zwei Teilstapel bildunten ausgelegt, Zauberin und Zuschauer bekommen jeweils 5 Karten.

Es geht los: Zuschauer und Zauberin decken ihre obere Karte auf. Haben sie dieselbe Farbe (beide rot oder beide schwarz), gibt es für den Zuschauer einen Punkt, andernfalls geht der Punkt an die Zauberin. Das passiert auch mit den zweiten Karten von oben und so weiter.

Die Zauberin beeilt sich zu betonen, dass der Zuschauer die besseren Chancen hat: Für rot-schwarz gibt es nur eine Möglichkeit, bei gleichen Farben aber zwei: rot-rot und schwarz-schwarz. Wer nach fünf Durchgängen die meisten Punkte hat, hat gewonnen.

Zur Illustration zeigen wir ein Beispiel für die aufzudeckenden Karten (Bild 10.1.1). Einer der Stapel beginnt mit Kreuz 5, Kreuz 7, der andere mit Herz 10, Herz Bube. (In Wirklichkeit liegen die Karten allerdings bildunten auf dem Tisch.)

Die Zauberin macht beim Aufdecken in der ersten, zweiten und fünften Runde einen Punkt, dieses Spiel geht also an sie.

Insgesamt sollen fünf Runden gespielt werden. Sieger / Siegerin ist, wer davon die meisten für sich entscheidet. Die Zauberin gewinnt!

Wir werden sehen, dass das wenig überraschend ist …

Bild 10.1.1: Die Karten in den beiden Stapeln, von unten gesehen.

Der mathematische Hintergrund: Zunächst eine Klarstellung. Man kann zwar sehr überzeugend darlegen, dass die Chancen für «gleiche Farbe» viel größer sind, denn es gibt die Möglichkeiten rot-rot, schwarz-schwarz, und es können auch beide Farben sein.

«Gleiche Farbe» ist also angeblich «viel wahrscheinlicher». Das ist aber geschummelt, denn die Möglichkeiten rot-rot, schwarz-schwarz, rot-schwarz und schwarz-rot sind beim Ziehen aus einem gut gemischten Spiel gleichwertig. «Gleiche Farben» und «verschiedene Farben» sind also mit gleicher Wahrscheinlichkeit zu erwarten. (Ganz genau stimmt das nicht: Rot-rot erscheint bei einem Skatspiel mit Wahrscheinlichkeit (16/32)(15/31), rot-schwarz dagegen mit (16/32)(16/31), ist damit um einen Hauch wahrscheinlicher.)

Wenn die Zauberin also ein gutes Gewissen behalten möchte, sollte sie nicht betonen, dass die Chancen des Zuschauers «viel besser» sind, sondern bemerken, dass es offensichtlich um ein faires Spiel geht, da «gleiche Farbe» und «verschiedene Farben» bei einer Zufallsauswahl aus einem Kartenspiel die gleiche Wahrscheinlichkeit haben. Das ist im Wesentlichen korrekt.

Überraschenderweise sind die Chancen trotzdem ungleich verteilt. Wie wir gleich sehen werden, spielt die Anzahl der verwendeten Karten eine wesentliche Rolle.

Für eine systematische Untersuchung empfiehlt es sich, die Kartenanzahl nicht festzulegen. Man wählt also irgendeine Zahl n und bereitet n rote und n schwarze Karten vor. (Im Kunststück ging es um $n = 5$.) Diese $2n$ Karten werden gemischt und in zwei Teilstapel ausgelegt. Zuschauer und Zauberin decken gleichzeitig die jeweils obere Karte ihrer Teilstapel auf, und «gleiche Farbe» bzw. «verschiedene Farben» ergibt einen Punkt für den Zuschauer bzw. die Zauberin. Wenn n ungerade ist (wie im Kunststück), gibt es bestimmt eine Siegerin oder einen Sieger, bei geradem n könnte es auch ein Unentschieden geben. (Auch das stimmt nicht ganz, mehr dazu gleich.)

Die Frage: Ist das ein faires Spiel? Auf den ersten Blick sieht es so aus, aber die ganze Wahrheit ist kompliziert.

Betrachten wir einige konkrete Beispiel-Fälle. Die einfachste Situation entsteht bei $n = 1$: Eine rote und eine schwarze Karte. Da wird natürlich die Zauberin gewinnen, denn beim gleichzeitigen Aufdecken ist das Ergebnis «gleiche Farben» nicht zu erwarten.

Und was passiert bei $n = 2$? Da haben wir zwei rote und zwei schwarze, also insgesamt 4 Karten. Für die oberste Karte auf Teilstapel 1 haben wir also 4 Kandidaten, für die zweite 3, dann bleiben noch 2 für die oberste von Teilstapel 2, und die letzte Karte wird dort die zweite sein. Das sind $4! = 4 \cdot 3 \cdot 2 \cdot 1 = 24$ gleichberechtigte Möglichkeiten.

Für jede einzelne können wir entscheiden, wer gewinnt: zum Beispiel bei *rr, ss* die Zauberin und bei *rs, rs* der Zuschauer. (Wir verwenden die Abkürzungen *r* und *s* für rot und schwarz, und die beiden Teilstapel sind durch ein Komma getrennt.) Wenn man das für alle 24 Fälle macht, zeigt sich: 16-mal wird die Zauberin gewinnen, 8-mal der Zuschauer.

> Unentschieden kommen nicht vor! Das ist merkwürdig, denn es gibt ja eine gerade Anzahl von Durchgängen. Der Grund: Wäre es ein Unentschieden, so wäre einmal *rs* (oder *sr*) und einmal *ss* (oder *rr*) dabei. Es gäbe dann drei Karten der einen und nur eine der anderen Farbe.

Zusammen heißt das: In 2/3 aller Fälle wird die Zauberin gewinnen.

Und was ist mit $n = 3$? Da sind 6! = 720 zu betrachten, und es zeigt sich: In diesem Fall wird der Zuschauer in 60 Prozent der Fälle gewinnen.

Viel weiter kann man das durch eine systematische Untersuchung nicht fortsetzen, denn die Anzahl der zu betrachtenden Situationen wächst rasant. (Zum Beispiel wären bei $n = 6$ schon 12! = 479 001 600 Kartenverteilungen zu berücksichtigen. Das ist auch mit Computerhilfe kaum zu behandeln.)

Mit Formeln der Wahrscheinlichkeitsrechnung kommt man aber weiter: Wie wahrscheinlich ist es, dass der Zuschauer genau k rote Karten hat? Mit welcher Wahrscheinlichkeit sind an diesen Stellen im zweiten Stapel ebenfalls rote Karten zu erwarten? Das würde hier zu weit führen. Damit sind aber wirklich alle interessierenden Wahrscheinlichkeiten auch für recht große n zu berechnen.

Hier soll nur das Ergebnis solcher Überlegungen angegeben werden, es ist in der folgenden Tabelle zusammengefasst («für» soll ausführlich als «Gewinnwahrscheinlichkeit für» gelesen werden):

n	Kartenanzahl	für Zauberin	für Zuschauer	für unentschieden
1	2	1	0	0
2	4	0.66	0.33	0
3	6	0.40	0.60	0
4	8	0.23	0.09	0.68
5	10	0.76	0.24	0
6	12	0.59	0.41	0
7	14	0.43	0.57	0
8	16	0.30	0.18	0.52
9	18	0.70	0.30	0

Es ist wirklich überraschend, dass die Wahrscheinlichkeiten so stark von der Kartenanzahl abhängen. Dass nicht bei allen geraden Zahlen n ein Unentschieden möglich ist, sollte uns nach der obigen Diskussion des Falls $n = 2$ nicht wirklich überraschen. Es gilt: Lässt n beim Teilen durch 4 den Rest 2, so kommt ein Unentschieden nicht vor.

Begründung: Wir schreiben n als $n = 4m + 2$ und nehmen an, es hätte ein Unentschieden gegeben. Dann waren es also $n/2 = 2m + 1$ Pärchen mit gleicher Farbe und $2m + 1$ Pärchen mit verschiedenen Farben. Unter den Pärchen mit gleicher Farbe gab es Rot-rot-Pärchen (Anzahl R) und Schwarzschwarz-Pärchen (Anzahl S). Da $R + S = 2m + 1$ gilt, können nicht R und S gleich sein, denn dann wäre die Summe gerade. Ist aber R größer als S, so kommen wir auf eine zu große Anzahl von roten Karten, denn bei den Pärchen mit verschiedenen Farben gibt es genauso viele rote wie schwarze Karten. Und umgekehrt kann auch nicht S größer als R sein (zu viele schwarze Karten!).

In Bild 10.1.2 sieht man ein Beispiel für den Fall $n = 6$, also 12 Karten.

Bild 10.1.2: Ein Unentschieden ist bei 6 Karten nicht zu erwarten.

Bei den geraden Zahlen, die durch 4 teilbar sind, kann ein Unentschieden aber durchaus vorkommen. Zum Beispiel im Fall $n = 8$ (also 16 Karten), wenn Rot und Schwarz in den beiden Teilstapeln wie *rrrrssss*, *rrssrrss* verteilt sind.

Und noch mehr fällt auf, und diese Beobachtung wird bestätigt, wenn man die Rechnungen auch noch für größere n betrachtet:
- Lässt eine Zahl n beim Teilen durch 4 den Rest 1 (also $n = 5$, 9, ...) und Kartenanzahlen 10, 18, ..., so ist das günstig für die Zauberin.
- Ist der Rest dagegen 3 (also $n = 3, 7, ...$ und Kartenanzahlen 6, 14, ...), so favorisiert das den Zuschauer.
- Der Rest 2 ist günstig für den Zuschauer. Obwohl n gerade ist, wird es kein Unentschieden geben.
- Geht es beim Teilen durch 4 auf, so ist das wieder günstig für die Zauberin. Unentschieden ist auch möglich.
- Wenn n größer und größer wird, so nähern sich die Gewinnwahrscheinlichkeiten für Zuschauer und Zauberin einander an. Das passiert allerdings recht langsam.

- Die besten Chancen für die Zauberin gibt es im Fall $n = 5$, also bei 10 Karten. Ihre Gewinnwahrscheinlichkeit beträgt dann 0.7619, also über 76 Prozent. Das ist ja auch die Anzahl der Karten im einleitend beschriebenen Kunststück.

All das kann man nicht nur beobachten, sondern auch mathematisch exakt beweisen. Die Nachweise sind allerdings ein bisschen verwickelt und können hier nicht gegeben werden.

Nun wird manchen eine Chance von 76 Prozent noch zu unsicher sein. Das kann man leicht durch Modifikation der Spielregeln verbessern:

Chancenverbesserung 1: Die Spielregel wird abgeändert. Sie lautet nun: Wir spielen 3 Durchgänge. Wer die meisten Punkte hat, gewinnt. Dann liegt die Gewinnwahrscheinlichkeit für die Zauberin bei 85 Prozent.

Chancenverbesserung 2: Diesmal gewinnt, wer die meisten Punkte aus 5 Durchgängen hat. Dann ist die Gewinnwahrscheinlichkeit für die Zauberin etwa 91 Prozent. So wurde es im Kunststück gemacht, das zu Beginn beschrieben wurde.

Weitere Chancenverbesserungen: Bei noch mehr Durchgängen sieht es so aus:

 * Mehrheit aus 7 Durchgängen: Gewinnwahrscheinlichkeit 94 Prozent.

 * Mehrheit aus 9 Durchgängen: Gewinnwahrscheinlichkeit 96 Prozent.

Das sollte doch reichen! (Ungerade Anzahlen wurden gewählt, damit keine Unentschieden zu berücksichtigen sind.)

Wie ist der Trick vorzubereiten? Es ist nichts vorzubereiten. Man braucht nur ein Kartenspiel, das kann auch geborgt sein. Wer eine Variante zu Kunststücken mit Karten sucht, kann auch Fotos verwenden, auf denen Motive zu sehen sind, die sich nach zwei Merkmalen unterscheiden (zum Beispiel Fotos, auf denen Männer und Frauen zu sehen sind).

Auch muss man sich entscheiden, welche Variante man spielt: Gewonnen hat, wer in X Durchgängen die meisten Punkte hat. Das X sollte so gewählt werden, dass man eine beruhigende Gewinnwahrscheinlichkeit hat (großes X!), aber auch nicht zu groß, damit sich das Publikum nicht langweilt (kleines X!).

Was ist bei der Durchführung zu beachten? Auch bei der Durchführung ist nichts Besonderes zu beachten. Man muss nur die Daumen drücken, dass einem der Zufall wohlgesonnen ist.

Die Präsentation: Was ist zu tun, wenn die Zauberin verliert? Das ist zwar sehr unwahrscheinlich, kann aber durchaus vorkommen. Dann murmelt sie etwas von einem falsch gewählten Zauberspruch, und das Ganze wird noch einmal gemacht.

Varianten: Wenn man das Kunststück mehrfach durchführen möchte, könnte beim Publikum der Verdacht aufkommen, dass die Spielregel «Der Punkt geht an die Zauberin, wenn die Kartenfarben verschieden waren» eine Rolle gespielt haben könnte. Dann verkündigt sie einfach: «Der Punkt geht an die Zauberin, wenn die Kartenfarben gleich waren». Dann sollten allerdings die Kartenanzahlen geändert werden.

Aus unserer Tabelle sehen wir, dass bei dieser Spielregelvariante die Zauberin in den Fällen $n = 3$ und $n = 7$ (6 bzw. 14 Karten) eine höhere Gewinnwahrscheinlichkeit hat als der Zuschauer. Auch da gilt, dass es besser ist, die Regel «Ich gewinne öfter bei soundsoviel Spielen» vorzuschreiben, als nur ein einzelnes Spiel zu spielen. Immerhin kann man bei $n = 3$ (sechs Karten) die Gewinnwahrscheinlichkeit so von 60 auf 71 Prozent erhöhen, wenn man vereinbart, dass die Mehrzahl aus sieben Spielen zu gewinnen ist.

10.2
Eine Bierwette

Das Zauberkunststück: Auch das ist eher eine Wette als ein Zauberkunststück. Sie geht wie folgt.

Sie sitzen mit Freunden zusammen und es geht darum, wer die nächste Runde ausgibt. Sie wetten:

> Zufällig habe ich ein Skatspiel dabei. Ich werde Karten 7, 8, 9, 10, *Bube, Dame, König, Ass* heraussuchen, und einer von Euch darf mischen. Ihr gebt mir den bildunten gehaltenen Stapel. Ich werde dann die Karten einzeln aufdecken und dabei bei jeder Karte einen Kartenwert nennen: «Sieben, acht, neun, ...»
> Ich wette, dass es mindestens einmal eine Übereinstimmung gibt, bei der das, was ich sage, mit der gerade aufgedeckten Karte übereinstimmt.

Die Freunde lassen sich auf die Wette ein, weil sie eine Übereinstimmung für extrem unwahrscheinlich halten. Sie selbst gewinnen aber mit hoher Wahrscheinlichkeit und haben sich ein Freibier verdient.

Drei zufällig erzeugte Beispiel-Durchgänge sieht man in Bild 10.2.1.

Beim ersten liegt die 10 an der richtigen Stelle, beim dritten gab es sogar zwei Treffer (die Acht und die Dame). Im zweiten Beispiel gab es keine Übereinstimmung.

Der mathematische Hintergrund: Die Wahrscheinlichkeitsrechnung ist voll von Phänomenen, bei denen die exakte Mathematik mit dem «gesunden Menschenverstand» im Widerspruch zu stehen

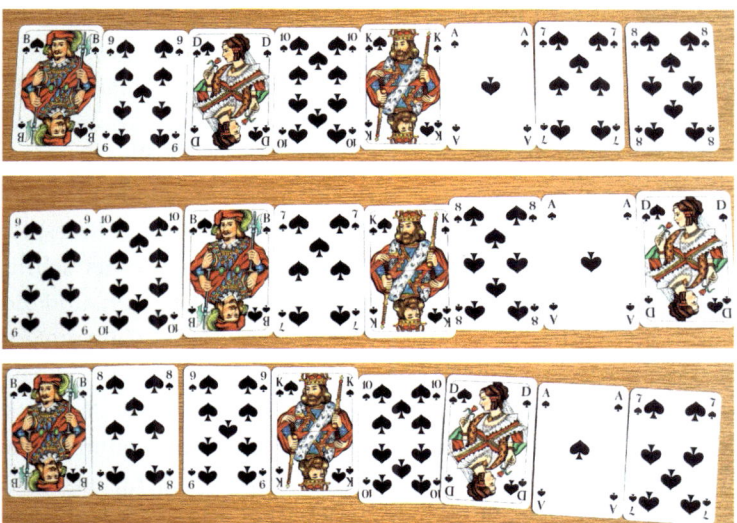

Bild 10.2.1: Drei Beispiel-Durchgänge.

scheint. Man spricht von *Paradoxien*. (Das Wort kommt aus dem Griechischen und bedeutet so viel wie «gegen die öffentliche Meinung». Zu einer gewissen Berühmtheit hat es das *Geburtstagsparadoxon* gebracht. Die mathematisch beweisbare Aussage: Wenn 23 zufällig ausgesuchte Menschen nach ihrem Geburtstag gefragt werden, so ist die Wahrscheinlichkeit größer als 50 Prozent, dass bei zweien von ihnen derselbe Tag im Jahr genannt wird.)

Hier geht es um das *Übereinstimmungsparadoxon*. Es besagt Folgendes: Wenn ich n Karten, die von 1 bis n nummeriert sind, durch Mischen durcheinanderbringe und dann auslege, so ist die Wahrscheinlichkeit, dass für eine Karte die Position mit der auf ihr stehenden Zahl übereinstimmt,[1] mit etwa 61 Prozent überraschend hoch.

---

[1] Zum Beispiel könnte die Karte, auf der 5 steht, an der fünften Stelle liegen.

Verkleidet wird das gern so: n Briefumschläge sind adressiert, und n Briefe sind an die entsprechenden Adressaten geschrieben. Jemand mischt die Briefe und platziert sie rein zufällig in die Umschläge. Dann ist die Wahrscheinlichkeit etwa 61 Prozent, dass mindestens ein Brief im richtigen Umschlag gelandet ist.

Ich habe auch eine persönliche Erfahrung mit diesem Paradoxon gemacht. Irgendwann gab es ein Fest, und für ein Ratespiel sollten Zweier-Rateteams ausgelost werden. Die Männer schrieben ihren Namen auf einen Zettel, der in einen Hut kam, und die Partnerinnen zogen ganz zufällig einen dieser Zettel. Zum großen Erstaunen der Gastgeberin trat dann in mehreren Durchgängen der unerwünschte Fall ein, dass ein Mann mit der Partnerin zusammengelost wurde, mit der er auch zum Fest gekommen war. Erst nach mehreren Wiederholungen wurde erreicht, dass alle Rateteams aus «neuen» Partnern bestanden.

Im Internet findet man das Paradoxon auch unter dem Namen *Julklapp-Paradoxon*. In der Vorweihnachtszeit wird doch in manchen Kindergärten und Klassen ein Julklapp (auch: Wichteln) veranstaltet. Jede / jeder bringt ein kleines Geschenk mit, alle zusammen kommen in einen Korb, und dann werden die Geschenke an alle verteilt. Und da ist es eher die Regel als die Ausnahme, dass jemand sein eigenes Geschenk bekommt.

Varianten: 1. Wer ganz sichergehen will, dass er die Runde nicht bezahlen muss, kann den Ablauf variieren. Man beschreibt das Spiel und sagt: Wir spielen das jetzt fünf Mal. Und wenn es mindestens dreimal klappt, habe ich gewonnen. Dann beträgt die Gewinnwahrscheinlichkeit schon etwa 71 Prozent.

Ehrlicherweise muss man natürlich sagen, dass bei Kunststücken, bei denen etwas Zufälliges passiert, keine Garantie für einen Erfolg gegeben werden kann. Deswegen sollten Sie so viel Geld dabei haben, dass die Runde auch an Sie gehen könnte …

2. Mit etwas mehr Aufwand kann man die Wette auch «zufälliger» gestalten. Als Vorbereitung sucht man *zwei* Sätze der Karten von 7 bis Ass aus einem Skatspiel, etwa alle Pik- und Karokarten. Einen Satz erhält ein Mitspieler, den anderen behalten Sie selbst. Beide halten die Karten bildunten und mischen. Dann werden von oben nach unten Karten einzeln gleichzeitig aufgedeckt. Wenn irgendwann zwei Karten mit gleichem Wert gezeigt werden, haben Sie gewonnen, andernfalls der Mitspieler. In Bild 10.2.2 sieht man ein mögliches Ergebnis.

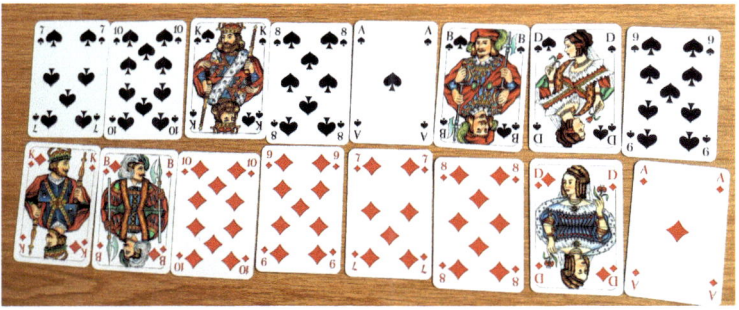

Bild 10.2.2: Eine Variation der Wette: Die Damen stimmen überein.

Bemerkenswerterweise hätten beide Sätze auch in der Originalversion gewonnen: Bei den Pikkarten liegt die erste, bei den Karokarten die letzte Karte an der richtigen Stelle.

11

Logisches Denken hilft

In diesem Kapitel geht es um ein Kunststück, das unter verschiedenen Namen in der Zauberwelt bekannt ist. Das Geheimnis des Zauberers besteht darin, unauffällig ein «Protokoll» von Mischvorgängen zu führen und dann logische Schlüsse aus dem Ablauf zu ziehen.

11.1
Unter welcher Tasse liegt der Ball?

Das Zauberkunststück: Auf dem Tisch stehen drei Becher in einer Reihe. Davor liegen Karten – sie stellen die Ziffern 1, 2, 3 dar – und auch ein Schaumgummiball (Bild 11.1.1).

Bild 11.1.1: Die Ausgangssituation.

Der Zauberer bittet eine Zuschauerin auf die Bühne und sagt, dass er sich gleich abwenden wird. Was sie nun tun soll, wird er ihr sagen, ohne die Becher sehen zu können.

Die Zuschauerin stellt sich hinter die Becher, der Zauberer dreht sich um, und dann erkärt er, wie es weitergehen wird.

Zunächst soll die Zuschauerin den Ball unter einen Becher ihrer Wahl legen und die beiden anderen Becher vertauschen. (Der Zauberer ist so weit entfernt, dass er aus den Geräuschen nicht schließen kann, welche Becher bewegt wurden.)

Jetzt werden die drei Becher durcheinandergebracht. Sie sagt zum Beispiel: «Ich vertausche jetzt Becher 1 und Becher 3.» Das

Bild 11.1.2: Der Ball liegt unter Becher 3, die anderen wurden vertauscht.

soll sie dann auch wirklich tun. Doch Achtung: Sie soll die Becher *nicht* hochnehmen und dann vertauschen. Vielmehr sollen sie auf der Tischplatte verschoben werden, damit ein möglicherweise darunterliegender Ball mitgenommen wird.

Diese Vertauschungsaktion gibt es noch mehrfach. Die Zuschauerin nennt zwei der Zahlen 1, 2, 3 und vertauscht durch Verschieben die zwei entsprechenden Becher. (Sie nennt die Zahlen so laut, dass es alle hören können.)

Wenn sie das Gefühl hat, dass nun genug Verwirrung angerichtet ist, kommt der Zauberer wieder dazu. Ohne zu zögern geht er zum Tisch und hebt denjenigen Becher hoch, unter dem sich der Ball befindet.

Der mathematische Hintergrund: Diesmal führen logische Überlegungen zum Ziel. Der Zauberer hat sich einen der Becher als «Leitbecher» gemerkt, etwa den roten, der links auf Position 1 steht. Jetzt schließt er wie folgt.

Fall 1: Der Ball wird unter den Leitbecher gelegt.

Das ist der einfachere Fall. Wenn im ersten Schritt die beiden anderen Becher vertauscht werden, hat das für den Leitbecher keine Auswirkungen. Danach werden ja die Positionen, die vertauscht werden, angesagt, und der Zauberer verfolgt aufmerksam, was mit dem Leitbecher passiert. (Wie er das macht, wird gleich erklärt.)

* Wenn die Zuschauerin sagt: «Ich vertausche 2 und 3», interessiert ihn das nicht, denn der Leitbecher steht ja auf Position 1.

* Wenn sie danach allerdings 2 und 1 vertauscht, ist der Leitbecher auf Position 2.

* Und so weiter: Der Zauberer weiß am Schluss des Durcheinanderbringens, wo sein Leitbecher steht.

Wenn also beim Positionsverfolgen dieser Becher auf Position 3 stehen sollte und er dann, wenn der Zauberer an den Tisch geht, auch wirklich da steht, so sollte der Ball darunter zu finden sein.

Fall 2: Der Ball wird unter einen anderen Becher gelegt.

Diesmal ist die Anweisung «Vertausche die beiden anderen Becher» wichtig. Der Leitbecher hat die Position 1 verlassen (und steht auf 2 oder 3), und auf Position 1 steht nun ein leerer Becher. Der Zauberer weiß ja nicht, ob Fall 1 oder Fall 2 eingetreten ist, er verfolgt in jedem Fall aufmerksam die Wanderung des Bechers 1.

Wir nehmen einmal an, dass Position 2 die letzte gemerkte ist. Der Zauberer geht zum Tisch und stellt fest, dass dort *nicht* der Leitbecher steht.

Dann weiß er sicher, dass Fall 2 eingetreten ist. Er kombiniert noch: Erstens war der Becher, den er verfolgt hat, ein leerer Becher. Also scheidet Position 2 bei der Ballsuche aus. Zweitens enthält der Leitbecher auch nicht den Ball. Der Zauberer wird also denjenigen Becher hochheben, der *nicht* der Leitbecher ist und der *nicht* auf Position 2 steht.

Wenn man diese Überlegungen zusammenfasst, liest sich das so:

> **Kurzfassung:** Der Zauberer legt einen Leitbecher fest, etwa den, der auf Position 1 steht. Dann kommen die Anweisungen: Ball verstecken, die beiden anderen Becher vertauschen. Dann verfolgt er bei den Vertauschungsaktionen der Zuschauerin («Ich vertausche nun den und den mit dem und dem Becher.»), was aus dem Becher an Position 1 wird (das wird nicht sein Leitbecher sein, wenn Fall 2 eingetreten ist). Er weiß dann, wo er am Ende der Vertauschungen steht, zum Beispiel auf Position 2.
> Er kommt zum Tisch und schaut auf den Becher an Position 2. Ist es sein Leitbecher, so kann er ihn hochheben und wird mit Sicherheit den Ball darunter finden. Ist es dagegen *nicht* der Leitbecher, so weiß er zwei Dinge: Der Ball ist nicht darunter und auch nicht unter dem Leitbecher. Deswegen hebt er den dritten der Becher hoch, da wird der Ball sein.

Es fehlt noch ein Tipp, wie man die Position des Leitbechers verfolgen kann. Das wird unauffällig mit der (zum Beispiel) rechten Hand gemacht. Zeige-, Mittel- und Ringfinger stehen für die Positionen 1, 2, 3. Der Daumen wird dahin gelegt, wo der Leitbecher am Anfang steht, in unserem Fall (Position 1) also an den Zeigefinger. Und dann wandert der Daumen. Ein Beispiel:
- «Ich vertausche 2 und 3.» Keine Reaktion.
- «Ich vertausche 1 und 3.» Der Daumen wandert auf 3 (Ringfinger).
- «Ich vertausche 2 und 3.» Der Daumen wandert auf 2 (Mittelfinger).
- …

Die Position, wo der Daumen zuletzt steht, gibt die Position des Bechers an, der am Anfang auf Position 1 stand; diese Position sollte beim Zurückkommen zuerst aufmerksam betrachtet werden.

Hier noch ein weiteres Beispiel. Der Zauberer hat den weißen Becher als Leitbecher gewählt, der ja ursprünglich an Position 2 steht. Er hat den Weg der Position 2 verfolgt, und die war am Ende die Position 1.

Er kommt zum Tisch und sieht die Anordnung auf Bild 11.1.3. (Alle sind eingeladen, sich nach dem Ansehen des Bildes in den Zauberer hineinzudenken und die Position des Balles zu ermitteln.)

Bild 11.1.3: Wo ist der Ball jetzt?

Er überlegt blitzschnell: An Position 1 steht *nicht* der weiße Leitbecher. Also sind wir in Fall 2. Damit scheiden der weiße Becher und der auf Position 1 aus. Der Ball ist also unter dem roten Becher.

Wie ist der Trick vorzubereiten? Drei Becher sind zu besorgen. Und natürlich etwas, was man darin verstecken kann. Es sollte so groß sein, dass es alle sehen können, und es darf nicht klappern, wenn es – unter einem der Becher liegend – verschoben wird. Also keine Münze, eher etwas aus Schaumgummi oder zur Not ein Radiergummi.

Was ist bei der Durchführung zu beachten? Wichtig sind klare Ansagen (Becher beim Vertauschen nicht heben, sondern schieben; die zu wechselnden Positionen laut genug und deutlich sagen). Und wichtig ist, eine Zuschauerin oder einen Zuschauer auszuwählen, die / der einen so zuverlässigen Eindruck macht, dass sie / er das alles auch richtig umsetzt.

Für das Finale (wie findet der Zauberer den Becher mit dem Ball?) sollte man am Ende des Mathematikteils die «Kurzfassung» lesen.

Die Präsentation: Wie man das Finale gestaltet, ist Geschmackssache. Man kann den Becher mit dem Ball sofort anheben, kann aber auch noch eine Weile zögern und so tun, als wollte man die Position des Balles durch Gedankenkraft finden.

Varianten: 1. Besonders kritische Zuschauer könnten auf folgende Idee kommen:

> Der Zauberer kennt doch die Position der Tassen am Anfang: Tasse 1 steht auf Position 1 usw. Dann verfolgt er die Vertauschungsoperationen und wendet sie insgeheim auf 1, 2, 3 an. Wenn also zum Beispiel gesagt wird «Ich vertausche 1 und 3», so geht er von 1, 2, 3 zu 3, 2, 1 über.
>
> Das macht er bis zum Schluss und er hat sich die letzte Reihenfolge gemerkt. Zum Beispiel 3, 2, 1. Dann kommt er zum Tisch und sieht die Tassen in der Reihenfolge 2, 3, 1. Da er weiß, dass die Tassen ohne Ball vertauscht wurden, muss die Tasse mit Ball diejenige sein, die an derselben Position steht wie die, die der Zauberer memoriert hat. Das ist in unserem Beispiel Tasse 1, die an Posititon 3 steht.

Dieser Einwand ist durchaus berechtigt, doch es gibt so gut wie nie ein Auditorium, in dem jemand diesen Einwand hat.

Um dem trotzdem sicherheitshalber zuvorzukommen, könnte man drei gleiche Becher (oder Tassen) verwenden, von denen einer unauffällig markiert ist: einer, bei dem ein winziges Stück abgeschlagen ist; oder eine Tasse, bei der der Firmenstempel in der Mitte des Bodens leicht verrutscht ist; oder ein Becher, bei dem irgendwo ein winziger Punkt zu sehen ist, der mit einem Permanentfilzer aufgemalt wurde.

Dieser Becher ist dann der Leitbecher, und der Ablauf ist genauso wie vorher.

2. Es gibt auch eine Variante der gleichen Idee, die ohne Becher auskommt: Es werden Karten verwendet (Spielkarten, Fotografien, Visitenkarten, …).

Irgendwie hat sich der Zauberer drei Karten verschafft. Die liegen nebeneinander bildunten auf dem Tisch. Er sagt, was gleich zu tun sein wird: Einige Male sollen Karten vertauscht werden. Das macht er vor.

Danach, sagt er, wird er Karten aufdecken. Auch das macht er vor, dabei merkt er sich eine (Bild 11.1.4).

Bild 11.1.4: Er merkt sich das Pik Ass.

Nehmen wir mal an, er hat sich das Pik Ass gemerkt. Er dreht es wieder um und vertauscht noch einige Male je zwei Karten. Dabei verfolgt er das umgedrehte Pik Ass. Am Ende seiner Vertauschungsaktionen liegt es (zum Beispiel) in der Mitte.

Nun geht es so weiter wie oben mit den Bechern. Der Zauberer wendet sich ab, und der Zuschauer soll eine der Karten umdrehen, sich merken und wieder bildunten zurücklegen. Dann soll er die beiden anderen vertauschen. Und einige Male soll er nun mit Ansage die Position von zwei Karten austauschen: Zum Beispiel «Ich vertausche Mitte und links», «Ich vertausche links und rechts» usw. (Natürlich kann man auch Zahlenkärtchen unter die Karten legen, dann heißt es z. B. «Ich vertausche Position eins und zwei». Sonst muss man vorher klären, ob «links» und «rechts» aus der Perspektive des Zauberers oder des Zuschauers gemeint ist. Wir nehmen einmal an, dass das für beide gleich ist.)

Irgendwann ist es genug. Der Zauberer kommt wieder dazu. Er hat mit Daumenhilfe (siehe oben) verfolgt, was aus der mittleren Position geworden ist. Mal angenommen, aus der mittleren Position ist nun die rechte Position geworden.

Er deckt versuchsweise die rechte Karte auf. Dann gibt es *zwei Möglichkeiten*. Erstens kann es so aussehen wie links in Bild 11.1.5: Es ist das Pik Ass.

Bild 11.1.5: An Position 3 liegt das Pik Ass oder eine andere Karte.

Dann ist alles klar: Der Zuschauer hatte das Pik Ass ausgesucht, die Begründung ist die gleiche wie oben mit den Bechern.

Zweitens aber kann da eine andere Karte liegen, so wie in

Bild 11.1.5 rechts. Das war dann garantiert *nicht* die Zuschauerkarte, deswegen muss noch eine weitere Karte aufgedeckt werden. Der Zauberer entscheidet sich für die mittlere. Es könnte dann aussehen wie in Bild 11.1.6.

Bild 11.1.6: Die mittlere Karte ist die Zuschauerkarte.

Dann muss die aufgedeckte Karte die Zuschauerkarte sein. Es könnte aber auch das Pik Ass in der Mitte liegen. Dann ist sicher, dass die Zuschauerkarte die ganz links liegende, die bisher noch nicht aufgedeckte ist.

Das alles muss nur noch flüssig präsentiert werden. Dass zwischendurch Karten aufgedeckt werden, ist nach der Ankündigung am Anfang ganz natürlich.

12

Anhänge

Dieser Anhang enthält das, was in fast jedem Sachbuch zu finden ist: etwas Grundsätzliches, das an verschiedenen Stellen gebraucht wird; durch welche Quellen wurden die Artikel inspiriert? Literatur; und natürlich Dank an einige, die Anregungen und Informationen für dieses Buch beigesteuert haben.

12.1
Kreisrechnen

In mehreren Kapiteln dieses Buches spielt das sogenannte *Kreisrechnen* eine Rolle. Diese – meiner Meinung nach gut gewählte – Bezeichnung wird manchmal in Schulbüchern verwendet, der Fachbegriff unter Mathematikern ist *modulares Rechnen*.

Es geht um etwas, was uns allen gut vertraut ist. Das soll durch zwei Beispiele illustriert werden.

Beispiel 1: Wochentage. Jeder weiß doch: Wenn heute Mittwoch ist, so ist es

– drei Tage später Samstag;
– sieben Tage später Mittwoch;
– neun Tage später Freitag; usw.

Das kann man sich auch so vorstellen, dass man zunächst die sieben Wochentage im Uhrzeigersinn als Kreis (wie auf einem Ziffernblatt) anordnet; das wollen wir die *Wochentagsuhr* nennen (Bild 12.1.1, links). Und wenn man dann wissen möchte, welcher Tag drei (bzw. sieben bzw. neun) Tage nach Mittwoch ist, so muss man nur einen Spaziergang machen, der beim Mittwoch startet und dann drei (bzw. sieben bzw. neun) Schritte im Uhrzeigersinn weitergeht.

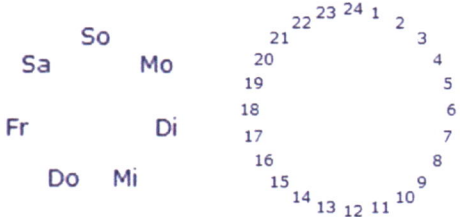

Bild 12.1.1: Die Wochentage und die Stunden des Tages als Kreise.

Beispiel 2: Die Stunden des Tages. Auch da kennen wir uns gut aus. Angenommen, es ist jetzt 14 Uhr. Dann weiß man:
- 2 Stunden später ist es 16 Uhr;
- 24 Stunden später ist es 14 Uhr;
- 27 Stunden später ist es 17 Uhr.

Auch hier kann man sich das als Spaziergang in einem Kreis vorstellen: Ordne die Zahlen von 1 bis 24 in einem Kreis an, und wenn man dann sagen soll, wie viel Uhr es 9 Stunden später als 23 Uhr ist, so starte bei der 23 und gehe 9 Schritte im Uhrzeigersinn weiter: Der Spaziergang endet erwartungsgemäß auf der 8 (siehe Bild 12.1.1, rechts).

Durch die Anordnung der relevanten Größen als Kreis kann man sich die Additionen (gehe im Uhrzeigersinn so und so viele Schritte weiter) und Subtraktionen (gehe gegen den Uhrzeigersinn) zwar gut vorstellen, es ist aber für manche Situationen ein bisschen unpraktisch. Deswegen wird das Kreisrechnen in der Mathematik auf das Teilen mit Rest zurückgeführt.

Genauer sieht es so aus. Wenn m und n Zahlen sind, so wird mit $n \bmod m$ (gesprochen «n modulo m») diejenige Zahl bezeichnet, die beim Teilen von n durch m als Rest übrigbleibt. So ist etwa $8 \bmod 5 = 3$, $100 \bmod 2 = 0$, $3 \bmod 5 = 3$ usw. Oft ist es von Vorteil, zu Resten überzugehen, weil man es dann mit wesentlich kleineren Werten zu tun hat. (In der modernen Verschlüsselungstechnik, der *Kryptographie*, spielt das auch eine wichtige Rolle. Da sind die Zahlen n riesengroß und auch m hat einige hundert Stellen.)

Wir werden von einigen Tatsachen im Zusammenhang mit dem Kreisrechnen Gebrauch machen:

Fakten zum Kreisrechnen:

1. Sind m und a Zahlen und definiert man eine Zahl b durch $b = m - a$, so ist es egal, ob man a abzieht oder b addiert.

Das ist uns übrigens bei Wochentagen und Zeiten gut vertraut:

Vor zwei Tagen ist es derselbe Wochentag wie in 5 Tagen, und vor 8 Stunden hatten wir dieselbe Zeit wie in 16 Stunden. Denn $5 = 7 - 2$ und $16 = 24 - 8$.

In Formeln: $(n - a) \bmod m = (n + b) \bmod m$. (Begründung: $n + b = n + m - a$ lässt den gleichen Rest beim Teilen durch m wie $n - a$, da das Teilen von m durch m keinen Rest lässt.)

2. Manchmal ist es notwendig, $a \bmod m$ auch für negative Zahlen a zu definieren, etwa $-2 \bmod 5$. Da hilft die vor wenigen Zeilen gefundene Formel weiter, die wenden wir für $n = 0$ an:

$$-a \bmod m = 0 - a \bmod m = 0 + (m - a) \bmod m;$$

damit ist $-2 \bmod 5 = (5 - 2) \bmod 5 = 3 \bmod 5 = 3$.

12.2
Quellen

Mit Zauberkunststücken ist es ein bisschen so ähnlich wie mit Kochrezepten: Man weiß zwar, dass das Rinderfilet Stroganoff erstmals in einem russischen Kochbuch im Jahr 1871 erwähnt wurde, aber bei der großen Mehrheit der Rezepte ist völlig unklar, wem man sie zuschreiben sollte. In der Zauberei ist es ebenfalls die große Ausnahme, wenn man einen «Erfinder» zweifelsfrei benennen kann. Zumal – ähnlich wie bei Rezepten – immer wieder neue Varianten und Verbesserungen entstehen.

Bei den Kapiteln, die in diesem Buch erschienen sind, war es – wie auch schon beim vorigen Zauberbuch[1] – wie folgt. Bei der Vorführung eines Zauberfreundes an einem Zirkelabend unserer Zauberfreunde, bei irgendeiner Zaubervorstellung, die ich besuchte oder beim Lesen einer Zauberzeitschrift oder eines Buches stieß ich auf etwas, was einen bisher nicht analysierten interessanten mathematischen Hintergrund hatte. Ich habe mir dann darüber Gedanken gemacht und in der Regel eine Vielzahl von Varianten gefunden, die nach der Analyse möglich sind.

Dabei war es eher die Ausnahme als die Regel, dass sich die wirkliche Quelle ermitteln ließ, die wurde nämlich bei den Vorführungen nie und in den Artikeln selten genannt. Deswegen habe ich bei Zauberkollegen nachgefragt, die sich mit der Entwicklung der Zauberkunst besser auskennen als ich. Auch habe ich versucht, in so vielen Fällen wie möglich die Quelle anzugeben, wo ich das Kunststück erstmals kennen gelernt habe.

---

1) «Der mathematische Zauberstab», Rowohlt 2015.

In jedem Fall kann man sagen: In diesem Buch ist kein Kunststück enthalten, für das die Beschreibung und die Erklärung der zugrunde liegenden Mathematik auch in einer anderen Quelle zu finden wären. Die mathematische Analyse gab – wie ich finde – fast immer zu interessanten Varianten Anlass.

Auch ist der Anteil des Materials, das schon in meinem ersten Zauberbuch enthalten ist, minimal. Es schien mir aber sinnvoll, die Tatsachen, die man beim Zaubern unbedingt kennen sollte, noch einmal darzustellen, um nicht auf das vorige Buch verweisen zu müssen: zum Beispiel Mischverfahren und allgemeine Hinweise (vgl. den Abschnitt «Lies mich!»).

Kapitel 1: Zahlenquadrate

1.1 Das Ergebnis steht von Anfang an fest

Das ist ein Klassiker, seine Ursprünge verlieren sich im Dunkel der Zaubergeschichte. Viele neue Varianten haben sich angeboten. Die einfacheren werden hier beschrieben.

1.2 Weitere Varianten

Hier folgen etwas aufwendigere Varianten, die ich im letzten Jahr entwickelt habe. Die Kalendervariante habe ich im Zauberzirkel kennengelernt, ein Vorläufer findet sich schon bei Gardner.

1.3 Der Zauberer produziert ein magisches Quadrat

Mit diesem Kunststück wurde ich vor drei Jahren in der Zaubershow der «Sideshow Charlatans» in Berlin bekannt. Da wurde ausgerechnet ich als der «Freiwillige» auf die Bühne geholt, und mit beeindruckender Geschwindigkeit entstand aus persönlichen Daten ein magisches Quadrat. Ich habe den mathematischen Hintergrund dann analysiert. Eine viel ausführlichere Darstellung der hier relevanten Mathematik findet man in meinem – für Mathematiker geschriebenen – Buch «Zaubern und Mathematik».

Kapitel 2: Geometrie
2.1 Das unmögliche Dreieck
Das ist ein alter Bekannter, der in verschiedenen Versionen – auch im Internet – verbreitet ist. Die hier gezeigten Versionen sind neu.
2.2 Die Gozinta-Boxen
Die Gozinta-Boxen wurden von dem deutschen Zauberer Lubor Fiedler erfunden. Die mathematische Analyse habe ich selbst beigesteuert. Ich habe sie schon 2022 in der Zauberzeitschrift «Magie» veröffentlicht.

Kapitel 3: Zauberhafte Rechnungen
3.1 Der Zauberer als Schnellrechner
Die hier beschriebenen Schnellrechen-Stäbe wurden Anfang des Jahres 2023 vom Zauberfreund Rainer Stock mitgebracht. Er hatte sie in den Tiefen seines Zauberschranks gefunden und wusste nicht mehr, was man damit anstellen kann. Durch Clemens Ilgner erfuhr ich später, dass das Kunststück unter dem Namen «The fantastic figures of foo» vermarktet wurde. Die hier dargestellte mathematische Analyse ist von mir.
3.2 Das Ergebnis wird vorausgesagt
Die mathematische Tatsache, die dem Kunststück zugrunde liegt, war eine Aufgabe in einem mathematischen Schülerwettbewerb in der Sowjetunion in den sechziger Jahren des 20. Jahrhunderts.

Die Vorschläge, wie man sie für ein Zauberkunststück verwenden kann, sind von mir.

Kapitel 4: Zaubern mit Primzahlen
4.1 Die gewählte Karte kommt zuletzt
Zur Analyse dieses Kunststücks wurde ich durch einen Artikel von Joro in der Zauberzeitschrift «Magie» vom Dezember 2021 motiviert, in dem geschickt ausgenutzt wurde, dass 7 eine Primzahl ist.

4.2 Neues vom magischen Zahlendreieck
Hierbei handelt es sich um einige neue Ideen zum Thema «magisches Dreieck», das schon im «Mathematischen Zauberstab» behandelt wurde.

Kapitel 5: Haben Lügen wirklich kurze Beine?
Zum Thema «Lügner» sind hier mehrere Kunststücke aufgenommen worden. Erstmals bekannt wurde ich mit dem Thema 2015 durch Vorführungen in meinem Zauberzirkel. Später tauchte es in einer Arbeit des österreichischen Mathematikers Werner Miller auf. Ich habe dann eine mathematische Arbeit dazu geschrieben, aus der die Beispiele in Abschnitt 5.4 entnommen sind.

5.1 Karten als Lügendetektor
Hier werden einige neue Ideen beschrieben, mit denen man mit Hilfe des Gilbreath-Zauberkunststücks einen Lügendetektor entwerfen kann.

5.2 Lügen, aber bitte konsequent
Mit diesem Kunststück begann mein Interesse für den Zusammenhang Lügen–Zaubern. Ich lernte es 2015 kennen, über die Ursprünge konnte ich keine verlässlichen Informationen bekommen.

5.3 Woran hast du gedacht?
Dieses Kunststück steht in einem Artikel des österreichischen Zauberers Werner Miller aus dem Jahr 2019. Hier werden weitgehende Verallgemeinerungen beschrieben.

5.4 Lügen nach Wahl
Die hier beschriebenen Ergebnisse sind die Kurzfassung einer mathematischen Arbeit von mir, die 2021 veröffentlicht wurde.

Kapitel 6: Wie wird in Australien gemischt?
6.1 Das große Kartenreißen
Das ist eine Variante des Kartenreißkunststücks von Woody Aragon. Ich wurde dazu in einer Vorstellung der «Illusionists» im Berliner Admiralspalast vor einigen Jahren angeregt.

6.2 Australisch für Fortgeschrittene
Es begann in den USA, über den Österreicher Werner Miller kam es nach Europa, und von mir gibt es eine mathematische Arbeit dazu (Literatur, 2016). Hier wird eine Auswahl der für die Zauberei interessanten Ergebnisse vorgestellt.

Kapitel 7: Ist die Reihenfolge egal?
7.1 Frau Colombinis Kunststück
Die Zauberin Colombini hat eine DVD veröffentlicht, durch sie wurden meine Untersuchungen motiviert.

7.2 Von der Ordnung zum Chaos und wieder zurück
Das ist sicher eines der vom Standpunkt der Mathematik her spektakulärsten Themen. Immerhin geht es – hier gut versteckt – um so vergleichsweise anspruchsvolle Themen wie Gruppen und Normalteiler. Es gibt eine mathematische Arbeit dazu (vgl. Literatur, 2015).

7.3 Das Labyrinth
Die japanische Firma Tenyo vertreibt ein Zauberkunststück, das darauf beruht, dass es bei den beteiligten Mischoperationen auf die Reihenfolge nicht ankommt. Das hat mich zu mehreren mathematischen Arbeiten motiviert: Literatur, 2019. Hier findet man eine Auswahl der Anwendungsmöglichkeiten.

Kapitel 8: Wie viele Fragen braucht man?
8.1 In welcher Zeile ist die Karte?
Das sind grundsätzliche Überlegungen.

8.2 Zum Zentrum strebt doch alles ...
Zu diesem Kapitel wurde ich durch einen Artikel des Zauberers Paffen in der Zaubererzeitschrift «Magie» angeregt.

8.3 Mutus nomen dedit cocis
Die Rohform dieses Kunststücks lernte ich durch meinen Zauberfreund Helmut Lohan kennen. Erste Versionen gab es schon zu Beginn des vorigen Jahrhunderts.

Kapitel 9: ... und noch mehr Kartenkunststücke

9.1. Gerade oder ungerade?
Die Motivation für die Untersuchungen zu diesem Kapitel kam durch einen Artikel des österreichischen Zauberers Werner Miller aus dem Jahr 1992. Die letzte Variation wurde von Helmut Lohan vorgeschlagen.

9.2 Kreisverkehr
Die mathematischen Probleme im Zusammenhang mit diesem Artikel haben mich 2023 intensiv beschäftigt. Ich habe ihn durch meinen Zauberfreund Helmut Lohan kennengelernt. Am Ende stand ein Artikel in einer Fachzeitschrift (Literatur, 2023).

9.3 Welche Karte überlebt?
Die Analyse begann nach einem Artikel von Paffen in der Zaubererzeitschrift «Magie» 2022. Die Ergebnisse erschienen in einer mathematischen Zeitschrift (Literatur, 2023). Clemens Ilgner machte mich darauf aufmerksam, dass Kunststücke dieses Typs unter dem Namen «Tantalizer» bekannt sind und dass es erste Versionen schon vor hundert Jahren gab.

Die Variante mit drei Karten wurde mir von der kroatischen Kollegin Franka Brueckler mitgeteilt.

Kapitel 10: Zaubern mit dem Zufall
10.1 Sind es mehr gleiche oder mehr ungleiche Pärchen?
Die Grundidee findet man in der Sammlung «Hidden Agenda» von Kartenkunststücken des Zauberers Roberto Giobbi, der viele grundlegende Bücher dazu veröffentlicht hat. Die Analyse war interessant, sie führte zu einem Artikel in der «Magie» und einem in einer mathematischen Zeitschrift (Literatur, 2018).
10.2 Eine Bierwette
Das passte ganz gut zu Kunststücken, in denen der Zufall eine Rolle spielt. Grundlage ist ein bekanntes Ergebnis der Wahrscheinlichkeitsrechnung, das zu Recht den Namen «Paradoxon» trägt. Denn wirklich alle hätten die Wahrscheinlichkeit für Übereinstimmung viel niedriger eingeschätzt.

Kapitel 11: Logisches Denken hilft
11.1 Unter welcher Tasse liegt der Ball?
Dieses Kunststück wurde in einem Workshop in Berlin Anfang 2023 vorgeführt. Die logischen Überlegungen, die man anstellen muss, schienen mir sehr attraktiv zu sein.

Die Kartenversion kennt man unter dem Namen «Hummer three card monte».

12.3
Literatur

Möglichkeiten, sich über das Thema «Zaubern und Mathematik» zu informieren, gibt es überreichlich. Die Suche nach Stichworten wie «Mathematik», «Zaubern», «mathematics» und «magic» liefert im Internet Trefferanzahlen von einigen Hunderttausend bis einigen Millionen. Es wäre naiv zu versuchen, da einen Überblick liefern zu wollen.

Bleiben wir deswegen bei Büchern. Auch da wäre die Liste unübersichtlich lang, wenn man das Thema «Mathematik und Zaubern» ganz allgemein berücksichtigen wollte: Fast in jedem Zauberbuch kommt etwas vor, was «irgendwie» mit Mathematik zu tun hat. Deswegen konzentriere ich mich hier auf diejenigen Bücher, in denen – wie in dem, das Ihnen vorliegt – nicht nur das «wie geht es?», sondern auch das «warum klappt es?» ausführlich enthalten ist. Und da ist die Liste nach meiner Kenntnis überraschend kurz.

Viel gelernt habe ich aus

- Alegria, Pedro: «Magia por Principios». Selbstverlag, 2008. (Auf Spanisch.)
- Diaconis, Persi und Graham, Ron: «Magical Mathematics». Princeton University Press, 2012.
- Gardner, Martin: «Mathematische Zaubereien». Dumont, 2004. (Und weitere Bücher von ihm.)
- Mulcahy, Colm: «Mathematical Card Magic».

Der Vollständigkeit halber erwähne ich auch *meine eigenen Publikationen* zum Thema.

A. Bücher

Da ist als Erstes «Der mathematische Zauberstab» zu nennen, der 2015 bei Rowohlt erschienen ist. Das Buch, das Sie gerade lesen, kann als Fortsetzung mit neuen Zauberkunststücken angesehen werden. Die Grundidee ist die gleiche: Es sollen nicht nur die Kunststücke beschrieben werden, es soll immer auch ausführliche Erklärungen des «Warum?» geben.

Seit 2019 liegt auch eine englische Übersetzung des «Zauberstabs» vor. Sie heißt «The Math Behind the Magic», publiziert wurde sie von der American Mathematical Society.

Für mich war es im letzten Jahrzehnt mehrfach sehr überraschend festzustellen, dass manchmal auch «fortgeschrittene» Mathematik erforderlich ist, um das Geheimnis eines Kunststücks exakt beschreiben zu können. Das ist in einem populären Sachbuch natürlich kaum zu vermitteln, ich habe es aber für Interessenten mit einem mathematischen Hintergrund bei einem Wissenschaftsverlag publiziert. Das Buch heißt «Mathematik und Zaubern – ein Einstieg für Mathematiker», es erschien 2017 bei Springer Spektrum. Seit der Zeit ist es immer einmal wieder die Lektüre für Proseminare und Seminare, und es gab auch schon Bachelorarbeiten, die dadurch angeregt wurden.

B. «Zaubern und Mathematik» für Zauberer

Die Verbandszeitschrift des Magischen Zirkels von Deutschland ist die traditionsreiche «Magie». Darin habe ich mehrere Dutzend Artikel, die sich mit «Zaubern und Mathematik» beschäftigen, für die Zauberkollegen publiziert. Diese Artikel waren eine ganz wichtige Möglichkeit, das vorliegende Buch sinnvoll vorzubereiten.

Sie sind von der Redaktion vorbildlich gestaltet worden. Leider können sie hier nicht eins zu eins wiedergegeben werden, da Zauberer geloben, nichts an die Welt außerhalb unserer Zunft zu verraten. (Bücher mit selbst entwickeltem Material gelten als geduldete Ausnahme …)

C. Artikel in mathematischen Fachzeitschriften

Die werden hier aus zwei Gründen erwähnt. Erstens waren sie eine wichtige Vorbereitung für dieses Buch, in dem oft diejenigen Teile dieser Arbeiten übernommen wurden, die auch ohne mathematischen Hintergrund von den Leserinnen und Lesern verstanden werden können. Und zweitens ist es ja möglich, dass es bei dem einen oder der anderen diesen Hintergrund gibt. Diejenigen können bei Interesse auf meiner Homepage http://page.mi.fu-berlin.de/bhrnds/ alles nachlesen.

- Fibonacci goes magic, 2013
  Komplizierte Eigenschaften von Fibonaccizahlen spielen bei verschiedenen Kunststücken eine Rolle. Nicht in diesem Buch, aber im Vorläufer «Der mathematische Zauberstab».
- Triangle Mysteries, 2013.
  Darin geht es um den Hintergrund des Kunststücks in Abschnitt 4.2.
- Pyramid Mysteries, 2014.
  Das setzt die vorige Arbeit fort.
- Vom Kartenmischen zur Artinvermutung, 2015.
  Manchmal sind recht aufwendige zahlentheoretische Ergebnisse der Hintergrund eines Kunststücks.
- The Mystery of the Number 1089 – how Fibonacci Numbers Come into Play, 2015.
  Noch einmal geht es um Fibonaccizahlen.
- Zaubern mit Normalteilern, 2015.
  In Abschnitt 7.2 werden einige Ergebnisse dieser Arbeit dargestellt.

- The advanced Australian shuffle, 2016.
  Die Kunststücke in Abschnitt 6.2 beruhen auf dieser Arbeit.
- Ein Kartenkunststück und ein neues Paradoxon der Wahrscheinlichkeitsrechnung, 2018.
  Der Hintergrund des Kunststücks in Abschnitt 10.1 wird in dieser Arbeit beschrieben.
- Tupel aus n natürlichen Zahlen, für die alle Summen verschieden sind, und ein Maßkonzentrations-Phänomen, 2019.
  Ein uraltes Problem der Zahlentheorie hängt mit einem Zauberkunststück zusammen.
- Groups of rotationally symmetric permutations and magic mazes, 2019.
  Das Kunststück in Abschnitt 7.3 wird hier eingehend analysiert.
- Lügner und die Gruppe $(Z_2)^n$, 2021.
  Das ist der Abschluss der Überlegungen zu Kapitel 5.
- Algebra meets magic, 2023.
  Komplizierte Eigenschaften des Kreisrechnens sind zu analysieren, um den mathematischen Hintergrund des Kunststücks 9.2 zu klären.
- Welche Karte bleibt übrig?, 2023.
  In dieser Arbeit geht es um den kombinatorischen Hintergrund des Kunststücks in Abschnitt 9.3.

Schließlich möchte ich erwähnen, dass ich durch die Artikel des österreichischen Mathematikers Werner Miller, die in verschiedenen Zauberzeitschriften erschienen sind, viele Anregungen bekommen habe. Sie haben oft mit Mathematik zu tun, und die Analyse gab zu vielen neuen Varianten Anlass.

12.4
Dank!

Die Zauberei lebt vom Austausch von Ideen. Durch Bücher, Artikel in Zauberzeitschriften, Zaubervorstellungen, Diskussionen und auch das Internet gibt es überreichlich viele interessante Anregungen. Danke für diese vielfältigen Möglichkeiten!

Für mich waren die Gespräche in meinem Zauberzirkel, den «Zauberfreunden Berlin», besonders inspirierend. Danke an die Mitglieder, durch die ich viele Bereiche der beeindruckend vielfältigen Zauberwelt kennengelernt habe.

Clemens Ilgner ist unser Vorsitzender. Er hat viele Zauberwettbewerbe gewonnen und ein wahrhaft umfangreiches Wissen über die Welt der Magie. Einige der Informationen, die ich durch ihn bekommen habe, spielten für dieses Buch eine Rolle.

Was den mathematischen Teil betrifft, habe ich mehrfach hilfreiche Diskussionen mit meinem – ebenfalls zauberaffinen – Kollegen *Martin Grötschel* geführt. Danke Euch beiden.

Ganz besonders wichtig ist es mir, hier meinen Zauberfreund *Helmut Lohan* zu erwähnen. Erstens hat er eine besondere Begabung, Zauberkunststücke vorzuführen. Seine Darbietungen sind originell, die Zeiteinteilung ist perfekt, und die Dramaturgie ist vorbildlich.

Zweitens aber, und das ist im Zusammenhang mit diesem Buch wichtig, hat er mich oft mit Zauberkunststücken bekannt gemacht, die einen gut versteckten mathematischen Hintergrund haben. Die Analyse gab fast immer zu interessanten Varianten Anlass, und hin und wieder war sie auch derart anspruchsvoll, dass die Ergebnisse in einer mathematischen Fachzeitschrift veröffentlicht werden konnten (vgl. das Literaturverzeichnis). Danke, Helmut!